# 海绵城市建设效果评估方法：
## 关键指标数值模拟分析技术与应用

侯精明　马　越　范臣臣　李东来　著

U0287242

科学出版社

北京

# 内 容 简 介

本书系统介绍海绵城市建设效果关键指标评估流程及方法。首先介绍海绵城市建设效果评估体系，简要介绍海绵城市理念的起源及其发展历程；其次，重点介绍海绵城市建设效果数值模型原理及模拟功能，包括产汇流模型、管网排水模型、河流模型、水质模型、海绵设施模型等模块的数学控制方程和求解格式，以及模型适用范围；再次，着重介绍海绵数据采集及处理方法，主要包括水文气象资料、地形资料、土地利用资料和低影响开发（LID）设施基础数据；接下来，构建西安市西咸新区沣西新城海绵城市建设效果评估模型并进行验证；最后，介绍年径流总量控制、面源污染物削减、内涝防治三个关键指标的效果数值模拟评估结果。

本书可作为市政、水利、环境、景观园林等领域的科研人员与工程技术人员的参考用书，也可供高等院校水利工程、给水排水工程及环境工程等相关专业的师生参考使用。

**图书在版编目(CIP)数据**

海绵城市建设效果评估方法：关键指标数值模拟分析技术与应用/侯精明等著. —北京：科学出版社，2023.10
ISBN 978-7-03-074497-5

Ⅰ. ①海… Ⅱ. ①侯… Ⅲ. ①城市建设-项目评价 Ⅳ. ①TU984

中国版本图书馆 CIP 数据核字（2022）第 257861 号

责任编辑：祝　洁 / 责任校对：崔向琳
责任印制：师艳茹 / 封面设计：陈　敬

**科 学 出 版 社** 出版
北京东黄城根北街 16 号
邮政编码：100717
http://www.sciencep.com

**北京中石油彩色印刷有限责任公司** 印刷
科学出版社发行　各地新华书店经销

*

2023 年 10 月第 一 版　　开本：720×1000　1/16
2024 年 1 月第二次印刷　　印张：11　插页：2
字数：225 000

**定价：145.00 元**
（如有印装质量问题，我社负责调换）

# 编写委员会

主　任：侯精明

副主任：马　越

委　员：（按姓氏拼音排序）

陈光照　邓朝显　范臣臣　高徐军　郭凯华

韩　浩　胡艺泓　姬国强　蒋春博　荆海晓

李丙尧　李昌镐　李东来　李家科　李钰茜

梁行行　刘　力　刘菲菲　刘增超　马利平

齐文超　王　润　王　添　杨　东　张阳维

# 前　　言

　　海绵城市建设是改善城市水环境、修复水生态、涵养水资源和提升城市防洪排涝能力的重要举措。当前，海绵城市建设如火如荼，针对目前海绵城市建设效果关键指标评估目标不明确、流程不清晰且方法局限的问题，本书系统介绍海绵城市建设效果关键指标评估流程和方法，对海绵城市考核评估中的指标体系、计算方法及布点方案等进行科学合理的评估与检验，重点说明数值模拟法在建设效果评估方面的应用。

　　本书的第一个特点是系统性，阐述海绵城市建设效果评估指标体系及评估方法，包括海绵城市理念的起源和发展、建设效果评估方法的介绍、关键指标数值模拟分析技术的应用；重点介绍海绵城市建设效果数值模型的原理和模拟功能，从理论推导、求解方法、适用范围和工程应用全方面阐述了模型在关键指标评估中的应用。第二个特点是前沿性，本书内容紧随行业发展潮流，应用最新的模型稳健算法和 GPU 加速技术，实质性提升模型的精度、效率和稳定性，为海绵城市建设效果关键指标模拟提供了有力支撑。第三个特点是实用性，本书系统全面地介绍模型的实际应用效果，读者通过学习本书相关内容，可实现模型的自主构建及应用，为解决实际工程问题提供借鉴。

　　本书第 1 章重点介绍海绵城市建设的发展、建设效果评估体系，包括评估方法的介绍和讨论；第 2 章阐述海绵城市建设效果数值模型原理及模拟功能，详述物理过程的数学表达和求解格式，以及模型的适用范围、常用的数值模型原理和功能；第 3 章针对水文气象资料、地形资料、土地利用资料和低影响开发设施基础数据等海绵数据的采集及处理方法进行详细说明；第 4～7 章以陕西省西咸新区沣西新城海绵城市建设为例，从海绵城市建设效果评估模型的构建、验证和模拟进行全过程系统性介绍，重点阐述年径流总量控制、面源污染物削减、内涝防治三个关键指标的效果数值模拟评估结果及对应评估方法。

　　本书由侯精明组织编写，马越负责校核工作，刘增超、邓朝显和高徐军撰写第 1 章，范臣臣和王添撰写第 2、3 章，李东来和王添撰写第 4 章，李丙尧和刘菲菲撰写第 5 章，王添、韩浩和李昌镐撰写第 6 章，杨东和李钰茜撰写第 7 章。郭凯华负责第 3 章水文气象资料采集及处理方法部分研究工作，姬国强、马越、胡艺泓负责第 4 章陕西省西咸新区沣西新城海绵城市项目概况部分研究工作，荆海晓、王添负责插图。李家科、蒋春博、梁行行、张阳维、陈光照、齐文超、马利平、王润、刘力等协助参与书稿整理工作，统稿与校对由范臣臣和李东来完成。

感谢西北旱区生态水利国家重点实验室对本书出版的大力支持！陕西省西咸新区沣西新城开发建设(集团)有限公司海绵城市技术中心、中国水利水电科学研究院、北京首创股份有限公司和宁夏首创海绵城市建设发展有限公司对本书撰写工作也提供了大力支持，在此一并表示感谢！

本书相关研究在国家自然科学基金面上项目"精细地形及管网资料缺失城区洪涝过程数值模拟方法"（52079106）、陕西省西咸新区沣西新城管理委员会委托科技项目"沣西新城海绵城市建设数值模拟专项研究"和"西咸新区智慧沣西海绵城市建设绩效考核评估"的共同资助下完成，在此一并表示感谢！

由于作者水平有限，书中难免存在不足之处，恳望读者提出宝贵意见和建议。

侯精明

2023 年 3 月于西安

# 目　　录

**彩图**

# 第1章 海绵城市建设效果评估及关键指标

## 1.1 海绵城市理念的起源及发展

在全球气候变化及局部人类高强度活动等因素的影响下，快速城市化发展后出现了"水多、水少、水脏、水丑、水臭"等一系列问题，各国在城市雨洪及水环境管理方面做出了较多的探索与实践，其中发达国家积累的经验较多也较为成熟，代表性的国家包括美国、英国、德国、澳大利亚和新西兰等。

20世纪70年代，美国首先提出"最佳管理措施"（best management practices，BMPs）理念，在居住区、公园及城市街区采用工程及非工程措施，充分进行雨水资源循环利用，以控制雨洪径流及土壤流失[1]。1999年，美国马里兰州乔治王子县编制出第一部低影响开发（low impact development，LID）技术设计规范，从源头上对城市径流雨水进行吸收、存储、渗透、净化及利用；2005年，LID设计理念被美国联邦政府和各州政府广泛认同并采纳[2]。2009年，美国国家环境保护局开始推广"绿色雨水基础设施"（green stormwater infrastructure，GSI），其核心思想是恢复和重建城市绿地系统的生态功能，减轻城市排水和处理系统负荷，实现城市生态、环境、景观相协调的可持续发展。20世纪70年代，英国提出参照自然界水体循环系统，进行径流雨水收集、储存与净化，以缓解城市内涝灾害的"可持续排水系统"（sustainable drainage systems，SuDS）[3]。德国推广了洼地与渗渠（mulden rigolen，MR）系统，旨在通过城市洼地和渗渠等设施进行雨水的储存、渗透及分散处理。澳大利亚的"水敏感城市设计"（water sustainable urban design，WSUD）理念是对雨水实施源头控制，其核心内容是将雨水进行源头调控，包括收集、控制暴雨产生的地表径流，同时通过节水措施减少对水资源的浪费等，其目标是减少城市化对自然水文循环的影响，具体包括五个方面，即保护自然水系统、雨洪处理和景观设计相结合、水质净化、减少地表径流和洪峰流量、在增加综合效益的同时降低开发成本[4]。新西兰的"低影响城市设计与开发"（low impact urban design and development，LIUDD）是在借鉴LID、WSUD等雨水管理体系基础上产生和发展起来的。LIUDD与其他国家相关理念的不同之处在于该系统更强调本地植物群落在城市低影响设计中的应用，凸显生态功能与地域特色的结合，使得城市绿地在保护生物多样性中也能起到重要作用[1]。

尽管各国城市水环境管理的名称不同，但所采取的具体工程措施与非工程措施大同小异，基本都趋向于源头、分散、生态化控制，并主张与传统的、灰色设施相结合，融入生态保护、城市设计与修复等内容。

我国的"海绵城市"理念是结合中国城市基础设施建设及发展的特点，在吸收和借鉴各国城市水环境管理的理论与实践基础上不断深化和改进而来的，以一种在生态文明建设大背景下，基于城市水文循环，重塑"人-城-水"和谐关系的新型城市发展理念[5]。"海绵城市"是一个形象的名称，其国际通用术语为"低影响开发雨水系统构建"，具体来说就是通过城市规划、建设的管控，从源头减排、过程控制、系统治理等方面着手，综合采用"渗、滞、蓄、净、用、排"等技术措施，统筹协调水量与水质、生态与安全、分布与集中、绿色与灰色、景观与功能、岸上与岸下、地上与地下等关系，有效控制城市降雨径流，最大程度地减少开发建设对原有自然水文特征和水生态环境造成的破坏，形象来说就是把城市建设得像海绵一样，在适应环境变化和应对雨水带来的自然灾害等方面具有良好的"弹性"，下雨时吸水、蓄水、渗水、净水，需要时将蓄存的水释放并加以利用，实现雨水在城市中自由迁移，达到修复城市水生态、涵养城市水资源、改善城市水环境、保障城市水安全、复兴城市水文化的多重目标[6,7]。

## 1.2　海绵城市在我国的发展

"海绵城市"概念 2012 年 4 月于"2012 低碳城市与区域发展科技论坛"中首次在我国提出；2013 年 12 月，习近平总书记在中央城镇化工作会议中明确指出，"要建设自然积存、自然渗透、自然净化的海绵城市"，为海绵城市赋予了新的内涵[8]。

2014 年 10 月，住房和城乡建设部制定《海绵城市建设技术指南——低影响开发雨水系统构建（试行）》，明确了海绵城市的概念和建设路径，提出了低影响开发的理念、低影响开发雨水系统构建的规划控制目标分解，落实及其构建技术框架，以及海绵城市建设应遵循的基本原则。

2014 年 12 月，财政部、住房和城乡建设部、水利部决定开展中央财政支持海绵城市建设试点工作，重点是解决城市建设中的水环境、水生态和内涝问题。2015 年 4 月，首批 16 个海绵城市建设试点城市名单公布包括：迁安市、白城市、镇江市、嘉兴市、池州市、厦门市、萍乡市、济南市、鹤壁市、武汉市、常德市、南宁市、重庆市、遂宁市、贵安新区和西咸新区；2016 年 4 月，第二批 14 个海绵城市建设试点城市名单公布包括：北京市、天津市、大连市、上海市、宁波市、福州市、青岛市、珠海市、深圳市、三亚市、玉溪市、庆阳市、西宁市和固原市。

2015 年 7 月，住房和城乡建设部办公厅印发《关于印发海绵城市建设绩效评估与考核办法（试行）的通知》，将绩效评估与考核指标分为水生态、水环境、水资源、水安全、制度建设及执行情况、显示度等六个方面，包括年径流总量控制率、城市暴雨内涝灾害防治、城市面源污染控制、水环境质量、污水再生利用率、雨水资源利用率等 18 项考核指标，并对每项指标的考核要求、考核方法等进行解释说明。

2015 年 10 月，国务院办公厅印发《国务院办公厅关于推进海绵城市建设的指导意见》（国办发〔2015〕75 号），指出海绵城市建设的工作目标：通过海绵城市建设，综合采取"渗、滞、蓄、净、用、排"等措施最大限度地减少城市开发建设对生态环境的影响，将 70% 的降雨就地消纳和利用。到 2020 年，城市建成区 20% 以上的面积达到目标要求；到 2030 年，城市建成区 80% 以上的面积达到目标要求。其主要建设内容包括：统筹推进新老城区海绵城市建设，全国各城市新区、各类园区、成片开发区全面落实海绵城市建设要求；推进海绵型建筑和相关基础设施建设，推广海绵型建筑与小区，推行道路与广场雨水收集、净化和利用，大力推进城市排水防涝设施的达标建设，加快改造和消除城市易涝点；推进公园绿地建设和自然生态修复，恢复和保持河湖水系的自然连通，构建城市良性水循环系统，逐步改善水环境质量。

住房和城乡建设部于 2018 年 12 月发布了《海绵城市建设评价标准》（GB/T 51345—2018），对海绵城市建设的评价内容、评价方法等作了规定。作为第一部行业内海绵城市国家标准，对于引领海绵城市绿色发展、破解城市内涝困局、助力生态文明建设具有重要意义。

2021 年 4 月，财政部办公厅、住房城乡建设部办公厅、水利部办公厅印发《关于开展系统化全域推进海绵城市建设示范工作的通知》（财办建〔2021〕35 号）。通知指出，"十四五"期间，财政部、住房城乡建设部、水利部通过竞争性选拔，确定部分基础条件好、积极性高、特色突出的城市开展典型示范，系统化全域推进海绵城市建设，中央财政对于示范城市给予定额补助。力争通过 3 年集中建设，示范城市防洪排涝能力及地下空间建设水平明显提升，河湖空间严格管控，生态环境显著改善，海绵城市理念得到全面、有效落实，为建设宜居、绿色、韧性、智慧、人文城市创造条件，推动全国海绵城市建设迈上新台阶。

2021 年，20 个城市入选首批系统化全域推进海绵城市建设国家级示范城市，包括唐山市、长治市、四平市、无锡市、宿迁市、杭州市、马鞍山市、龙岩市、南平市、鹰潭市、潍坊市、信阳市、孝感市、岳阳市、广州市、汕头市、泸州市、铜川市、天水市、乌鲁木齐市。

## 1.3　海绵城市建设的意义

统计数据显示，2010～2016年，我国平均每年有超过 180 个城市进水受淹或发生内涝，其中北京市、广州市、武汉市、长沙市、济南市、西安市等城市内涝严重，导致排水系统崩溃甚至人员伤亡[9]。与此同时，城市缺水问题同样突出，我国被联合国认定为"水资源短缺国家"，有超过 110 个城市严重缺水[10]。因此，城市内涝与城市缺水问题，成为目前城市发展面临的一大生态难题。

传统以排为主的城市排水理念已经无法满足现代社会对雨洪管理的需要，海绵城市的概念自提出，便被社会大众认可并接纳，给我国城市的雨水径流可持续管理体系建设提供了新思路，其将雨水作为一种资源纳入到城市综合管理中，以缓解城市缺水与内涝，以及城市水环境污染等危机，具有生态文明建设的积极意义。

首先，海绵城市建设可有效避免和减少城市内涝的发生。

目前，因全球气候变暖，与内涝有关的暴雨、飓风等极端气象条件在城市上空频繁出现。我国城市建设普遍存在高楼林立、缺乏通风廊道、城市上空的热气流无法疏散等现象，由于城市热岛效应产生的局地气流上升有利于对流性降雨的发生，同时城市空气中的凝结核多，也会促进降雨，由此形成的"城市雨岛效应"是城市内涝的重要诱因之一[11]。另外，传统城市开发方式造就的城市内大面积不透水地面阻断了城市地区原有的自然水文循环，降雨不能及时下渗，形成地表径流；传统的城市排水管网难以适应强降雨形成的径流洪峰，从而产生城市内涝。海绵城市建设的实质之一就是降低汇流，从而实现径流调控。海绵城市建设技术中的"渗"主要是采用绿色屋顶、透水铺装、生态树池、渗透塘、渗井、绿地等措施，减少硬质铺装的占比，从源头上减小径流量；"滞"主要是通过植草沟、生物滞留带、植被缓冲带、雨水花园等生态工程措施，减小雨水汇集速度，延迟洪峰出现时间，降低排水强度，缓解排水压力；"蓄"主要是通过下凹式绿地、雨水湿地、洼地、坑塘、蓄水池等设施的存储空间直接减少径流体积，进而缓解内涝的出现。通过各类绿色雨水基础设施的建设和多项措施联合作用，达到降低地表径流量、控制城市内涝的目的。

其次，海绵城市建设是降低径流污染的重要途径。

面源污染自 20 世纪 70 年代被提出和证实以来，其对水体污染所占比重呈上升趋势，城市面源污染是继农业面源污染以外的第二大面源污染类型[12]。我国地表水资源污染形势较为严峻，面源污染是其主要来源之一。城市面源污染主要由降雨对空气的淋洗和对地表的冲刷作用产生，特别是在强降雨初期，降雨径流将地表及排水管网沉积污染物强烈冲刷汇入受纳水体，导致水体污染。海绵城市建设六字方针中的"净"主要是采用雨水湿地、生物滞留带、雨水花园、下凹式绿地、植草沟等措施过滤或降解汇流雨水中的污染物,达到控制面源污染、保护城市水环境的目的。同时,雨水径流通过"渗""滞"类海绵设施时,也具有一定截留和净化污染物的效果。

最后,海绵城市建设可有效缓解城市水资源短缺现象。

我国水资源匮乏,淡水资源总量为 28000 亿 $m^3$,约占全球水资源的 6%,人均水资源占有量不足世界平均水平的四分之一[13]。城市快速发展对水资源需求大,城市开发建设地面过度硬化造成降雨形成径流外排,导致地下水补给不足;水体污染降低了水资源的质量和数量,也加重了水资源的紧缺程度。缺水制约着经济发展,应对水资源短缺危机,一方面要治理源头污染、节约用水;另一方面要探寻新的替代水源。相较城市生活污水及工业废水,雨水污染程度轻,处理成本相对较低,是再生水的优质水源。在降雨时,利用自然水体和雨水调蓄池收集雨水,实现"蓄"的目的;再通过各类净化设施的处理和各级管网的输送,将处理达标的雨水回用于市政浇洒、景观水补充等,不但节省了大量的自来水,而且充分、有效地利用雨水,实现城市水资源的开源节流,节约水资源,同时也降低了污水的排放。

海绵城市建设顺应了"低碳、生态"的城市建设理念,解决城市缺水问题,必须顺应自然,要优先考虑把有限的雨水留下来,优先考虑更多利用自然力量排水,建设自然积存、自然渗透、自然净化的海绵城市。海绵城市建设在我国刚刚起步,需要在城市开发建设的各个环节贯彻落实海绵城市的新理念,走出一条中国特色的海绵城市健康发展之路。

## 1.4　海绵城市建设效果评估体系及方法

从 2015 年开始,住房和城乡建设部、水利部及财政部共联合确定了 30 个国家级海绵城市试点,旨在修复城市水生态、涵养城市水资源,增强城市防洪排涝能力,能让城市的水弹性更强。自海绵城市建设以来,已初见成效。为规范我国海绵城市建设效果的评价、提升海绵城市建设的系统性,作为海绵城市建设主管部门,住房和城乡建设部发布了一系列指导文件及标准,其中涉及监测与评价方面要求的主要文件包括:2015 年 7 月发布的《海绵城市建设绩效评价与考核办法(试行)》,其中涉水的主要监测指标[14]见表 1-1;2017 年 11 月发布的《住房城乡建设部司函 关于做好第一批国家海绵城市建设试点终期考核验收自评估的通知》[15],其中国家海绵城市建设试点绩效考核指标见表 1-2;2018 年 12 月发布的《海绵城市建设评价标准》[16],其中涉水的主要监测指标见表 1-3。

表 1-1　海绵城市建设绩效评价与考核主要监测指标

| 类别 | 指标 | 方法 |
|---|---|---|
| 水生态 | 年径流总量控制率 | 根据实际情况，在地块雨水排放口、关键管网节点安装观测计量装置及雨量监测装置，连续（不少于一年、监测频率不低于 15min/次）进行监测；结合气象部门提供的降雨数据、相关设计图纸、现场勘测情况、设施规模及衔接关系等等进行分析，必要时通过模型模拟分析计算 |
| | 地下水位 | 查看地下水潜水水位监测数据 |
| 水环境 | 水环境质量 | 委托具有计量认证资质的检测机构开展水质检测 |
| | 城市面源污染控制 | 查看管网排放口，辅助以必要的流量监测手段，并委托具有计量认证资质的检测机构开展水质检测 |
| 水资源 | 污水再生利用率 | 统计污水处理厂（再生水厂、中水站等）的污水再生利用量和污水处理量 |
| | 雨水资源利用率 | 查看相应计量装置、计量统计数据和计算报告等 |
| | 管网漏损控制 | 查看相关统计数据 |
| 水安全 | 城市暴雨内涝灾害防治 | 查看降雨记录、监测记录等，必要时通过模型辅助判断 |
| | 饮用水安全 | 查看水质检测报告和自来水厂出厂水、管网水、龙头水水质检测报告。检测报告须由有资质的检测单位出具 |

表 1-2　国家海绵城市建设试点绩效考核指标

| 类别 | 指标 | 方法 |
|---|---|---|
| 水生态 | 年径流总量控制率 | 经模型评估，当地降雨形成的径流总量控制率达标；建筑雨落管断接，小区雨水溢流排放到市政管网 |
| | 地下水埋深 | 查看地下水潜水水位监测数据，年均地下水潜水水位保持稳定，或下降趋势得到明显遏制，平均降幅低于历史同期（年均降水量超过 1000mm 的地区不评估此项指标） |
| | 天然水域面积保持程度 | 查看试点建设前后的遥感对比分析图或统计数据等，河湖、湿地、塘洼面积 |
| 水环境 | 地表水体水质达标率 | 不得出现黑臭现象；建设区域内河湖水系水质不低于《地表水环境质量标准》IV类标准，且优于海绵城市建设前的水质。当城市内河水系存在上游来水时，下游断面主要指标不得低于来水指标 |
| | 初雨污染控制 | 雨水径流污染底数清楚；经模型评估，雨水径流污染、合流制管渠溢流污染得到有效控制；雨水管网不得有污水混接排入；非降雨时段，合流制管渠不得有污水直排水体；雨水直排或合流制管渠溢流进入城市内河水系的，应采取生态治理后入河 |
| 水资源 | 污水再生利用率 | 达到海绵城市建设实施方案确定的指标要求 |
| | 雨水资源利用率 | 雨水收集并用于道路浇洒、园林绿地灌溉、市政杂用、工农业生产、冷却、景观、河道补水等的量达到要求；雨水回用水质达标 |
| 水安全 | 内涝防治标准 | 经模型评估，易涝点消除，排水防涝能力达到国家标准的要求 |
| | 防洪标准 | 查看相关设计、建设文件，城市河道防洪达到国家标准要求 |
| | 防洪堤达标率 | 查看相关设计、建设文件，城市防洪堤达到国家标准要求 |

**表 1-3　海绵城市建设评价内容及方法[16]**

| 评价内容 | | 评价方法 |
|---|---|---|
| 年径流总量控制率及<br>径流体积控制 | | 年径流总量控制率及径流体积控制应采用设施径流体积控制规模核算、监测、模型模拟与现场检查相结合的方法进行评价 |
| 源头减排项目实施有效性 | 建筑小区 | 年径流总量控制率及径流体积控制应采用设施径流体积控制规模核算、监测、模型模拟与现场检查相结合的方法进行评价；径流污染控制应采用设计施工资料查阅与现场检查相结合的方法进行评价；径流峰值控制应采用设计施工、模型模拟评价资料查阅与现场检查相结合的方法进行评价；硬化地面率应采用设计施工资料查阅与现场检查相结合的方法进行评价 |
| | 道路、停车场及广场 | 年径流总量控制率及径流体积控制、径流污染控制、径流峰值控制评价方法同"建筑小区"；道路排水行泄功能应采用设计施工资料查阅与现场检查相结合的方法进行评价 |
| | 公园与防护绿地 | 年径流总量控制率及径流体积控制评价方法同"建筑小区"；公园与防护绿地控制周边区域降雨径流应采用设计施工资料查阅与现场检查相结合的方法进行评价，设施汇水面积、设施规模应达到设计要求 |
| 路面积水控制与内涝防治 | | 灰色设施和绿色设施的衔接应采用设计施工资料查阅与现场检查相结合的方法进行评价；路面积水控制应采用设计施工资料和摄像监测资料查阅的方法进行评价；内涝防治应采用摄像监测资料查阅、现场观测与模型模拟相结合的方法进行评价 |
| 城市水体环境质量 | | 灰色设施和绿色设施的衔接应采用设计施工资料查阅与现场检查相结合的方法进行评价；旱天污水、废水直排控制应采用现场检查的方法进行评价，市政管网排放口旱天应无污水、废水直排现象；雨水分流制雨污混接污染和合流制溢流污染控制应采用资料查阅、监测、模型模拟与现场检查相结合的方法进行评价；水体黑臭及水质监测评价 |
| 地下水埋深变化趋势 | | 查看地下水（潜水）水位监测数据 |

综合以上评价内容及要求，现阶段我国对于海绵城市建设效果的评价方法主要有三种：第一种为资料验证法[17]，主要是对评价对象所提交的资料如施工图纸、低影响开发设施布局、规模等参数进行初步判断，然后对各类设施所在汇水分区设施可有效控制径流体积进行核算，最后根据区域内所有设施控制的径流体积推算累计控制径流体积，据此分析控制的雨水径流体积对应的年径流总量控制率；在资料核算基础上，结合现场踏勘，验证海绵设施是否能发挥预期的效果；第二种为直接监测法[17]，通过布设在线监测设备，如流量计、液位计、雨量计及水质监测设备等，长期监测区域内相关水量及水质指标，通过对实测数据的统计分析计算出该区域内径流调控及面源污染被控制程度；第三种方法是通过模型模拟法来评价，以数值模型为手段来评价和预测海绵城市建设效果[18]。

就以上三种评估方法而言，资料验证法无须选择实际降雨日期，不需要安装监测设备，避免了由于具体监测日期选取带来的不确定性。但该方法仅靠理论估算，若海绵设施施工质量未能满足设计时的基本要求，如存在场地竖向与衔接问题，则会造成设施实际控制效果大打折扣，因此海绵设施的实际控制效果与理论计算数值可能存在较大误差。另外，该方法与考核人员的现场经验、认知水平息息相关，存在较大的主观性。直接监测法能够直观反映在降雨事件下的试点区域外排径流体积及水质情况，一般试点区域常有数个甚至数十个径流流量的入水口和排放口，因此需要大量的监测设备，监测设备的选择、安装正确与否将决定着监测数据的准确性。不仅如此，使用该方法时需要合理地选择降雨日期，存在人为的不确定性，且设计降雨量在一天内的分配情况具有极大的随机性，即使在相似的日降雨量情况下进行监测，所得监测结果也会有很大的差异。另外，直接监测法还涉及较大的野外工作人力和物力消耗、高昂的设备运行维护成本。相比之下，模型模拟法可通过有限的监测数据对模型参数进行率定，再使用科学的指标来进行验证效果，可保证模型模拟结果的准确性，在一定程度上减少了降雨随机性带来的误差影响。模型模拟法还能在海绵城市方案设计阶段进行预测建设效果，无论是大尺度的还是小尺度的规划区域海绵城市建设效果评价，只要设计方案准确、数据量充足可靠，模型模拟法均适用。从成本来说，模型模拟法节省了大量的人力和物力开支。

　　从以上评价方法的对比分析可知，各种方法各有优劣，从技术与经济结合角度来说，应当将以上方法进行联合使用，取长补短、相互弥补，即要将直接监测法与模型模拟法相结合，采用适量的监测设备获取一定量监测数据的基础上进行模型参数率定和效果验证，降低人员工作强度及经济成本，提高评价效率。由此可见，模型模拟法将在海绵城市建设效果评估工作中发挥重要作用。

　　本书阐述海绵城市建设效果数值模拟的方法，主要介绍暴雨径流管理模型（storm water management model，SWMM）[19]、显卡加速的地表水动力及其伴随的输移过程（GPU accelerated surface water flow and transport，GAST）模型[20]的原理及构成；以陕西省西咸新区沣西新城国家级海绵城市建设示范城为例，着重讨论 SWMM 在年径流总量控制率及径流污染控制方面的应用以及 GAST 模型在城市内涝防治方面的应用。

## 参 考 文 献

[1] 赵晶. 城市化背景下的可持续雨洪管理[J]. 国际城市规划, 2012, 27(2): 114-119.

[2] 史顺奎. LID 措施在山地城市道路排水系统设计中的应用研究[D]. 成都: 西南交通大学, 2021.

[3] 严慈玉, 王景芸, 康乾昌, 等. 可持续排水系统的发展与应用研究[J]. 城镇供水, 2019(6): 54-57, 8.

[4] 王晓锋, 刘红, 袁兴中, 等. 基于水敏性城市设计的城市水环境污染控制体系研究[J]. 生态学报, 2016, 36(1): 30-43.

[5] 仇保兴. "共生"理念与生态城市[J]. 城市规划, 2013, 37(9): 9-16, 50.

[6] 黄绵松, 杨少雄, 齐文超, 等. 固原海绵城市内涝削减效果数值模拟[J]. 水资源保护, 2019, 35(5): 13-18, 39.

[7] 刘薇. 海绵城市建设需内外兼治、边养边治[N]. 银川日报, 2020-12-23(4).

[8] 沈乐, 单延功, 陈文权, 等. 国内外海绵城市建设经验及研究成果浅谈[J]. 人民长江, 2017, 48(15): 21-24.

[9] 臧文斌, 赵雪, 李敏, 等. 城市洪涝模拟技术研究进展及发展趋势[J]. 中国防汛抗旱, 2020, 30(11): 1-13.

[10] 王忠福. 我国水资源利用中的问题与可持续利用对策[J]. 西安邮电学院学报, 2011, 16(5): 122-127.

[11] 徐宗学, 任梅芳, 程涛, 等. "城市看海": 城市水循环是基础, 流域统一管理是根本[J]. 中国防汛抗旱, 2020, 30(4): 20-24.

[12] 梁流涛, 冯淑怡, 曲福田. 农业面源污染形成机制: 理论与实证[J]. 中国人口·资源与环境, 2010, 20(4): 74-80.

[13] 田红霞. 水资源环境保护存在问题及策略[J]. 资源节约与环保, 2022(8): 17-20.

[14] 孙攸莉, 陈前虎. 海绵城市建设绩效评估体系与方法[J]. 建筑与文化, 2018(1): 154-157.

[15] 吴丹洁, 詹圣泽, 李友华, 等. 中国特色海绵城市的新兴趋势与实践研究[J]. 中国软科学, 2016(1): 79-97.

[16] 中华人民共和国住房和城乡建设部. 海绵城市建设评价标准: GB/T 51345—2018[S]. 北京: 中国建筑工业出版社, 2018.

[17] 宫永伟, 刘超, 李俊奇, 等. 海绵城市建设主要目标的验收考核办法探讨[J]. 中国给水排水, 2015, 31(21): 114-117.

[18] 田宇荃, 赵迪, 陈虎. 海绵城市建设前后的可视化效果分析——以常德市为例[J]. 智能建筑与智慧城市, 2020(6): 98-99.

[19] ROSSMAN L A. Storm Water Management Model(SWMM) Version 5.1 User's Manual [R]. Washington D C: U. S. EPA Office of Research and Development, 2015.

[20] 侯精明, 李桂伊, 李国栋, 等. 高效高精度水动力模型在洪水演进中的应用研究[J]. 水力发电学报, 2018, 37(2): 96-107.

# 第2章 海绵城市建设效果数值模型原理及模拟功能

海绵城市建设中需要的模型一般包括产汇流模型、管网排水模型、河道水动力模型、水质模型和海绵设施模型等。不同软件往往会采用不同的模型方程和计算方法。本章着重对 SWMM 和 GAST 模型这两个模型采用的数学方程及主要处理方法进行介绍。

## 2.1 SWMM 原理及模拟功能

SWMM 是一个基于水动力学的综合性城市径流模拟系统,由美国国家环境保护局(Environmental Protection Agency,EPA)在 20 世纪 70 年代组织研发。经过多年完善发展,先后推出了 SWMM 1(1971 年)、SWMM 2(1975 年)、SWMM 3(1981 年)、SWMM 4(1988 年)、SWMM 5.0(2004 年)、SWMM 5.1(2014 年)等多个版本。在 SWMM 5.0 版本新增加 LID 模块,包括生物滞留网格、透水铺装、下渗沟、雨水桶、植草沟 5 种 LID 设施。在 SWMM 5.1(2014 年)中又新增了 LID 的情景模拟功能,包含雨水花园、屋面雨水断接及绿色屋顶 3 种雨水处置技术以及 LID 设施相关参数设置[1,2]。目前,版本已更新至 SWMM 5.2.2,该版本新增了支持通过雨水口收集道路径流进行建模的应用[3]。SWMM 5.1 及以上版本以 Windows 为运行平台,具有友好的可视化界面和更加完善的处理功能,可以对研究区输入的数据进行编辑,模拟城市水文过程、管网水动力过程和水质演变过程,并可用多种形式对结果进行显示,包含排水区域和系统输水路线彩色编码,提供计算结果的时间序列曲线,以及图表、坡面图和统计频率结果分析等。

SWMM 主要用于计算研究区域的径流控制率和面源污染控制率。SWMM 是水力模拟能力的集合,用于演算整个管道、渠道、蓄水/处理设施和分流构筑物的排水管网径流和外部进流。这些水力模拟能力包括:处理无限制尺寸的网络;利用各种标准封闭和开放的渠道形状,以及自然渠道;模拟特殊的元素,如蓄水/处理设施、分流器、水泵、堰和孔口;利用来自地表径流的外部流量和水质、地下水交流、降雨依赖的渗入或进流、旱季污水流和用户指定进流;使用运动波或完全动态波流量演算方法;模拟各种流态,如回流、超载流、逆向流和地表积水;

利用用户动态控制规则，模拟水泵的运行、孔口的开口和堰顶的水位。除了模拟径流量的产生和输送，SWMM 还可以评估与该径流相关的污染物负荷。对于任意数量用户定义的水质成分，可以模拟以下过程：不同土地利用下旱季污染物的增长；降雨过程中来自特定土地利用的污染物冲刷；降雨沉积的直接贡献；街道清扫造成的旱季污染物累积的降低；BMPs 造成的冲刷负荷的降低；排水系统任何位置旱季污水流量和用户指定外部进流量的进入；整个排水系统内的水质成分演算；通过蓄水设施处理，或者管渠的自然过程，使管网排水口外排污染物浓度降低。

SWMM 结构由若干个模块组成，主要分为主要功能模块、执行模块和服务模块。主要功能模块包括径流模块、输送模块、扩展输送模块、调蓄/处理模块；执行模块包括绘图模块、统计模块、联结模块、降雨模块；服务模块有执行模块、温度模块、图表模块、统计模块和合并模块。每个模块具备独立的功能，其计算结果又被存放在存储设备中供其他模块调用。SWMM 基本功能模块如图 2-1 所示。

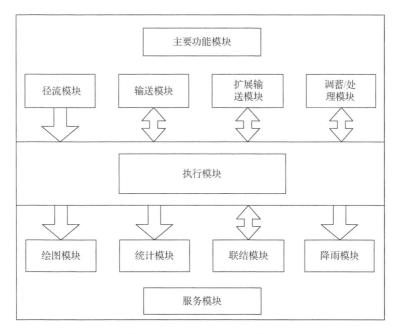

图 2-1　SWMM 基本功能模块

## 2.1.1　地表产流模型

SWMM 的基本空间单元是汇水子区域，一般将汇水区划分成若干个子区域，然后根据各子区域的特点分别计算径流过程，最后通过流量演算方法将各子区域的出流进行叠加。子区域概化示意见图 2-2。

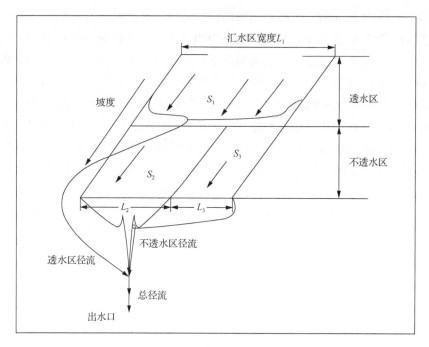

图 2-2　子区域概化示意图

各个子区域的地表可划分为透水区 $S_1$、有洼蓄能力的不透水区 $S_2$ 和无洼蓄能力的不透水区 $S_3$ 三部分。如图 2-2 所示，$S_1$ 的特征宽度等于整个汇水区的宽度 $L_1$，$S_2$、$S_3$ 的特征宽度 $L_2$、$L_3$ 可用式（2-1）求得：

$$
\begin{cases}
L_2 = \dfrac{S_2}{S_2 + S_3} \times L_1 \\[2mm]
L_3 = \dfrac{S_3}{S_2 + S_3} \times L_1
\end{cases}
\tag{2-1}
$$

SWMM 中，地表产流由三部分组成，即对三类地表的径流量分别进行计算，然后通过面积加权获得汇水子区域的径流出流过程线。对于透水区 $S_1$，当降雨量满足地表下渗条件后，地面开始积水，至超过其洼蓄能力后便形成地表径流，产流计算公式为

$$
R_1 = (i - f) \cdot \Delta t
\tag{2-2}
$$

式中，$R_1$ 为透水区 $S_1$ 的产流量，mm；$i$ 为降雨强度，mm/h；$f$ 为地表下渗率，mm/h；$\Delta t$ 为单位时间，h。

对于有洼蓄能力的不透水区 $S_2$ 的产流量，降雨量满足地面最大洼蓄量后，便可形成径流，产流计算公式为

$$R_2 = P - D \tag{2-3}$$

式中，$R_2$ 为有洼蓄能力的不透水区 $S_2$ 的产流量，mm；$P$ 为降雨量，mm；$D$ 为洼蓄量，mm。

对于无洼蓄能力的不透水区 $S_3$，降雨量除地面蒸发外基本上转化为径流量，当降雨量大于蒸发量时即可形成径流，产流计算公式为

$$R_3 = P - E \tag{2-4}$$

式中，$R_3$ 为无洼蓄能力的透水区 $S_3$ 的产流量，mm；$P$ 为降雨量，mm；$E$ 为蒸发量，mm。

在相同条件下，无洼蓄能力的不透水区 $S_3$、有洼蓄能力的不透水区 $S_2$ 和透水区 $S_1$ 依次形成径流。每个汇水子区域根据上述划分的三部分地表类型，分别进行径流演算非线性水库模型，然后对三种不同地表类型的径流出流量进行相加即得该汇水子区域的径流出流量过程线。

### 2.1.2 下渗模型

下渗过程模拟提供了 Horton 模型、Green-Ampt 模型和 SCS-CN 模型三种。

#### 1. Horton 模型

Horton 模型是一个采用 3 个系数的以指数形式来描述下渗率随降雨历时变化的经验公式：

$$f = \left(f_0 - f_\infty\right)\mathrm{e}^{-kt} + f_\infty \tag{2-5}$$

式中，$f$ 为地表下渗率，mm/min；$f_0$、$f_\infty$ 分别为初始下渗率和稳定下渗率，mm/min；$t$ 为降雨时间，min；$k$ 为下渗衰减指数，与土质状况密切相关。

#### 2. Green-Ampt 模型

Green-Ampt 模型可反映下渗率和累积下渗量之间的关系：

$$f_\mathrm{p} = K_\mathrm{s}\left[1 + (\theta_s - \theta_i)\frac{s_\mathrm{f}}{F}\right] \tag{2-6}$$

式中，$f_\mathrm{p}$ 为下渗率，cm/d；$K_\mathrm{s}$ 为饱和水力传导度，cm/d；$\theta_s$ 为饱和体积含水率，%；$\theta_i$ 为初始体积含水率，%；$s_\mathrm{f}$ 为湿润锋处的吸力，cm；$F$ 为累积下渗量，cm。

### 3. SCS-CN 模型

SCS-CN 模型是基于一个水平衡方程和两个假设条件，得到其径流方程：

$$\begin{cases} Q = \dfrac{(P - 0.2S_1)^2}{P + 0.8S_1}, & P \geqslant I_a \\ Q = 0, & P < I_a \end{cases} \tag{2-7}$$

式中，$Q$ 为径流量，mm；$P$ 为降雨量，mm；$S_1$ 为流域当时最大可能滞留量，mm；$I_a$ 为初损量，mm。

## 2.1.3 管网汇流模型

SWMM 采用链表节点（link-node）的方式求解圣维南（Saint-Venant）方程组，以得到管道中的流速和水深，即对连续方程和动量方程联立求解来模拟渐变非恒定流。根据求解过程中的简化方法，又可分为运动波法和动力波法两种方式。

### 1. 运动波法

连续方程和动量方程是对各个管段的水流运动进行模拟运算的基本方程，其中动量方程假设水流表面坡度与管道坡度一致，管道可输送的最大流量由满管的曼宁公式求解。运动波可模拟管道内的水流和面积的时空变化过程，反映管道对传输水流流量过程线的削弱和延迟作用。虽然不能计算回水、逆流和有压流，且仅限于树状管网的模拟计算，但因为它在采用较大时间步长（5～10min）时也能保证数值计算的稳定性，所以常被用于长期的模拟分析。运动波法包括管道控制方程和节点控制方程两部分，其连续方程和动量方程分别为

$$\frac{\partial Q}{\partial x} + \frac{\partial A}{\partial t} = 0 \tag{2-8}$$

$$\frac{\partial H}{\partial x} + \frac{v}{g} \cdot \frac{\partial v}{\partial x} + \frac{1}{g} \frac{\partial v}{\partial t} = S_0 - S_f \tag{2-9}$$

式中，$H$ 为静压水头，m；$v$ 为断面平均流速，m/s；$x$ 为管道长度，m；$t$ 为时间，s；$g$ 为重力加速度，m/s$^2$；$S_0$ 为管道底部坡降；$S_f$ 为因摩擦损失引起的能量坡降；$Q$ 为瞬时流量，m$^3$/s；$A$ 为过水断面面积，m$^2$。

在运动波法计算中，可简化忽略动量方程左边项的影响，仅考虑式（2-10）所示关系：

$$S_0 - S_f = 0 \tag{2-10}$$

即能量坡降与管底坡度相同。由曼宁公式计算能量坡降：

$$S_f = \frac{Q^2}{\left(\dfrac{1}{n}\right)^2 \cdot A^2 \cdot R^{4/3}} \tag{2-11}$$

式中，$S_f$ 为因摩擦损失引起的能量坡降；$n$ 为曼宁系数；$R$ 为水力半径，m；$Q$ 为瞬时流量，$m^3/s$；$A$ 为过水断面面积，$m^2$。

节点控制方程：

$$\frac{\partial H}{\partial t} = \sum \frac{Q_t}{A_s} \tag{2-12}$$

式中，$H$ 为静压水头，m；$t$ 为时间，s；$Q_t$ 为进出节点的瞬时流量，$m^3/s$；$A_s$ 为节点过流断面的面积，$m^2$。

### 2. 动力波法

动力波法基本方程与运动波法相同，包括管道中水流的连续方程和动量方程，只是求解的处理方式不同。它求解的是完整的一维圣维南方程，不仅能得到理论上的精确解，还能模拟运动波无法模拟的复杂水流状况，因此可以描述管道的调整蓄、汇水和入流，也可以描述出流损失、逆流和有压流，还可以模拟多支下游出水管和环状管网甚至回水情况等。为了保证数值计算的稳定性，该法必须采用较小的时间步长（如 1min 或更小）进行计算。管道控制方程如式（2-13）和式（2-14）所示。

连续方程：

$$\frac{\partial Q}{\partial x} + \frac{\partial A}{\partial t} = 0 \tag{2-13}$$

动量方程：

$$g \cdot A \cdot \frac{\partial H}{\partial x} + \frac{\partial \left(Q^2 / A\right)}{\partial x} + \frac{\partial Q}{\partial t} + g \cdot A \cdot S_f = 0 \tag{2-14}$$

式中，$H$ 为静压水头，m；$x$ 为管道长度，m；$t$ 为时间，s；$g$ 为重力加速度，$m/s^2$；$S_f$ 为因摩擦损失引起的能量坡降；$Q$ 为瞬时流量，$m^3/s$；$A$ 为过水断面面积，$m^2$。

由曼宁公式计算能量坡降：

$$S_f = \frac{K}{g \cdot A^2 \cdot R^{4/3}} \cdot Q \cdot |v| \tag{2-15}$$

式中，$K = g \cdot n^2$；$v$ 为断面平均流速，m/s，$v$ 以绝对值形式表示，使摩擦力的方与水流方向相反；$Q$ 为瞬时流量，m³/s；$S_f$ 为因摩擦损失引起的能量坡降；$g$ 为重力加速度，m/s²；$A$ 为过水断面面积，m²；$R$ 为水力半径，m。

### 2.1.4 面源污染物与水质模型

在 SWMM 中，水质模型主要包括污染物累积模型与污染物冲刷模型。海绵城市建设效果评估中，污染物削减率模拟的指标主要包括总悬浮固体（total suspended solids，TSS）、化学需氧量（chemical oxygen demand，COD）、总磷（total phosphorus，TP）和悬浮固体（suspended solids，SS），可根据属性进行设定。

1. 地表污染物累积模型

地表污染物是面源污染的主要来源，污染物的累积关系可以归结成指数函数关系、幂函数关系和饱和函数关系。地表污染物的累积量并不是常数，其累积率在开始时最快，而后降低。城市中不同土地利用类型的污染物累积量不同，以时间为自变量，污染物累积量的变化用函数关系来表示，可以分为以下三种。

1）指数函数

污染物累积量和累积时间的比例关系：

$$B = C_1(1 - e^{-C_2 t}) \tag{2-16}$$

式中，$B$ 为污染物累积量，kg/hm²；$C_1$ 为最大累积量，以质量/单位面积/单位路边长度计算；$C_2$ 为累积率常数；$t$ 为时间，d。

2）幂函数

污染物累积量与时间成幂函数关系，当累积量达到最大值时停止累积，如式（2-17）所示：

$$B = \text{Min}(C_1, C_2 t^{C_3}) \tag{2-17}$$

式中，$C_3$ 为时间指数。

3）饱和函数

饱和函数又称为米夏埃利斯-门藤函数，在该函数中，污染物累积量与时间成饱和函数关系，如式（2-18）所示：

$$B = \frac{C_1 \cdot t}{C_4 + t} \tag{2-18}$$

式中，$C_4$ 为半饱和常数，是指达到最大积累量一半时的天数，d。

以上三种累积函数都是以一定的累积量逼近最大累积量，可根据实际污染物浓度变化情况选择适合本地区地表污染物累积模型。

**2. 地表污染物冲刷模型**

地表污染物冲刷指一场降雨过程中，依据降雨的强度和历时，晴天累积的地表污染物，随汇流过程从地表被冲刷或溶入径流，最终进入受纳体的过程。目前，常用的冲刷模型分为流量特征曲线方程、场次降雨平均浓度方程和指数方程三种模型。

**1）流量特征曲线方程**

假设地表污染物冲刷量与径流量之间是简单的函数关系，污染物冲刷量的计算完全独立于地表污染物累积量的计算，如式（2-19）所示：

$$P_{\text{off}} = R_{\text{c}} Q^{n_1} \tag{2-19}$$

式中，$P_{\text{off}}$ 为 $t$ 时刻污染物的冲刷量，kg/s；$R_{\text{c}}$ 为冲刷系数，$\text{mm}^{-1}$；$n_1$ 为冲刷指数；$Q$ 为径流量，$\text{m}^3$。

**2）场次降雨平均浓度方程**

场次降雨平均浓度方程是流量特征曲线方程的特殊情况，以污染物平均浓度作为污染物的冲刷量，如式（2-20）所示：

$$\text{EMC} = \frac{M}{V} \tag{2-20}$$

式中，EMC 为污染物平均浓度，kg/L；$M$ 为径流全过程的污染物总量，kg；$V$ 为径流总体积，L。

**3）指数方程**

污染物冲刷量与残留在地表的污染物的量成反比，与径流量成指数关系，如式（2-21）所示：

$$P_{\text{off}} = \frac{-\text{d}P_{\text{p}}}{\text{d}t} = R_{\text{c}} \cdot r^{n_i} \cdot P_{\text{p}} \tag{2-21}$$

式中，$P_{\text{off}}$ 为 $t$ 时刻子流域单位面积单位/边缘长度径流冲刷的污染物冲刷量，$\text{kg/(s·m)}$ 或 $\text{kg/(s·m}^2)$；$P_{\text{p}}$ 为 $t$ 时刻残留地表污染物累积量，$\text{kg/hm}^2$；$r$ 为 $t$ 时刻单位面积的径流率，mm/s；$n_i$ 为径流率指数。

对以上方程进行分析，流量特征曲线方程和场次降雨平均浓度方程均仅考虑了降雨径流量对冲刷过程的影响，指数方程是唯一同时考虑污染物累积量和降雨径流量对冲刷过程影响的方程，提高了模拟的准确性。

### 2.1.5　低影响开发设施模型

LID 设施广泛应用于城市雨洪管理中。SWMM 中引入了 LID 设计理念，形成了 LID 模块，应用 LID 技术设施实现了对区域径流控制率、峰值流量及径流污染控制效果的模拟。

主要的低影响开发设施包括 8 种类型：生物滞留网格（bio-retention cell）、雨水花园（rain garden）、绿色屋顶（green roof）、下渗沟（infiltration trench）、透水铺装（permeable pavement）、雨水桶（rain barrel）、植草沟（vegetative swale）、屋面雨水断接（rooftop disconnection）。调蓄塘和渗井可以由其他 LID 设施类型进行表述，或者组合实现表述。

在 SWMM 中，根据不同 LID 的特性，按表面层、路面层、土壤层、蓄水层、暗渠排水层把 LID 设施模拟封装成模块，用户可以通过设置相应的参数完成 LID 建模。不同 LID 设施类型的各种措施组成见表 2-1。

表 2-1　不同 LID 设施类型的各种措施组成

| LID 设施类型 | 表面层 | 路面层 | 土壤层 | 蓄水层 | 暗渠排水层 |
| --- | --- | --- | --- | --- | --- |
| 生物滞留网格 | √ | — | √ | √ | ◎ |
| 透水铺装 | √ | √ | — | √ | ◎ |
| 下渗沟 | √ | — | — | √ | ◎ |
| 雨水桶 | — | — | — | √ | √ |
| 植草沟 | √ | — | — | — | — |

注：√为必选项，◎为可选项。

### 2.1.6　SWMM 适用范围

由于 SWMM 强大的管网流量模拟能力及 LID 设施和水质模拟功能，并且其软件界面友好易于操作，SWMM 现已在世界许多国家得到推广和应用，目前在以下五个方面的应用最为广泛。

1）LID 设施的雨水控制效果和水质调控模拟

Zahmatkesh 等[4]对纽约市布朗克斯河流域城市雨水径流的研究表明，虽然气候变化影响下历史年径流量的平均增长率约为 48%，但 LID 设施布设可使年径流量平均减少 41%，还能将峰值流速平均降低 8%～13%。Li 等[5]通过对西安市某地区设置不同比例雨水花园发现，不同面积比（1%、2%、4%）下雨水花园大致表现出与降雨径流及其污染调控功能相同的趋势，并在相同的降雨量和面积比条件下，无排水设施的雨水花园（底部可渗透）的控制效果优于具有排水设施的雨水花园（底部不可渗透）。李霞等[6]运用 SWMM 对天津蓟县（现蓟州区）某区域进行 LID 设施组合铺设（绿色屋顶、下凹式绿地和渗透路面），通过优化前后双模拟手段证实了 LID 技术对改善节点积水及管段满流状况的有效性。

2）城市暴雨洪水模拟中的参数敏感性分析与识别

Muleta 等[7]证实了不确定性分析量化模型对 SWMM 的灵敏度分析、校准、参数不确定性和总预测不确定性分析具有前景。张静等[8]运用 SWMM 结合城市不同功能区污染物累计和径流样本，分析得出适于地表径流 SWMM 水质模拟参数取值范围，其结果与实测数据基本吻合。

3）城市雨水径流非点源污染特性分析及负荷估算

Li 等[9]建立了保定市非点源污染 SWMM，利用实测数据与一维水质模型分析了水污染特征及发展趋势。结果表明，Pb、Zn、TN 和 TP 的污染负荷约占总污染负荷的 30%，并提出了降低保定非点源污染的有效手段。黄国如等[10]基于 SWMM 建立了广州城区降雨径流非点源污染模型，分析 3 种典型下垫面（居住区、马路、草地）中污染物时空变化规律和降雨初期冲刷效应，得出不同雨情下各下垫面中的污染物负荷量。

4）城市雨水管网优化改造中的应用

Pathirana 等[11]以巴西案例为研究对象，通过开发二维排水模型与 SWMM 实现 1-D/2-D 耦合，用于评估城市排水网络优化规划中的洪水灾害成本。

5）SWMM 衍生模型

在 EPA SWMM 的基础上，众多公司开发了各种衍生模型[12]，如 MIKE URBAN、PC SWMM、XP SWMM、Info SWMM 和 OTT SWMM 等软件。SWMM 衍生模型详见表 2-2。

表 2-2　SWMM 衍生模型

| 模型名称 | 开发机构/个人 | 较 SWMM 的优势 | 存在的不足 |
| --- | --- | --- | --- |
| MIKE URBAN | 丹麦水力研究所 | 与 GIS 操作界面无缝衔接；模拟多种化合物反应过程；自动率定 | 无法获取单独水流的运行过程；水源选择和优先级有所限制 |
| PC SWMM | 加拿大水力计算研究所（Computational Hydraulics International, CHI） | 具有参数敏感性分析；具有 GIS 接口程序 | 不适合模拟透水比例较高的非城市化地区 |
| XP SWMM | XP 软件有限公司（XP Software Pty Ltd） | 可模拟二维曲面模型；可进行最佳管理措施仿真模拟 | 无法模拟地下汇水区之间交互；时间步长影响较大；绘图模块需从第三方购买，漏洞多 |
| Info SWMM | 美华软件有限公司（MWH Soft） | 具有雨水、污水分析和仿真功能；使用大量节点和衔接的系统 | 输入参数较多；价格比较昂贵 |
| OTT SWMM | Wisner 和 Kassem | 适合双排水系统模拟 | 无法模拟回水、逆流；需要采用流量限制措施，保证管网中为自由表面流 |

SWMM 自推出以来，为世界各地的雨洪管理、水质分析及雨水利用措施提供了可靠的技术支持，但模型仍存在局限性。为将 SWMM 的应用最大充分化，通过和其他模型的分析对比，发现 SWMM 存在以下不足[13]：①水文过程物理规律不全面，没有蒸发模型；②不是一个完整的城市雨水综合管理模型，没有沉积物运移或者侵蚀过程，不能模拟污染物在地表和排水管道中运移时的生化反应过程，不能用于地表下的水质建模，仅能反映土地覆盖类型面积比例的变化对地表径流和非点源污染的影响，不能反映土地利用格局变化的影响；③缺乏地表、地下耦合机理，缺乏地表径流与地下管网排水数据交换，只能进行一维集总式流量运算，运算无法摆脱推理计算方法；④对模型输入数据要求较高，当难以获取实时数据和大量基础数据时，模拟很难进行，影响模型对实际问题的解决；⑤水动力模型功能有限，难以直接计算出淹没深度。

SWMM 的局限性及衍生模型对 SWMM 的改进，为今后 SWMM 的发展研究提供了方向[13]：①进一步研究水文过程物理规律。SWMM 是一个概念性水文模型，水文过程物理规律目前还未完全表述，一定程度上限制了 SWMM 的发展。②拓展 SWMM 处理范围，引入泥沙沉积模块，提高对暴雨径流中泥沙和污染物的模拟能力，包括对地表侵蚀和管道中泥沙和污染物运动、污染物和泥沙相互作用的模拟，以及对污染物在地表和管道中生化反应过程的模拟，提高对水质分析的精确度；引入水质分析模块，对地表下水的质量、运动路线进行模拟；引入土地分析模块，模拟不同土地类型、土地利用格局带来的影响。③地表地下耦合求解。实现地表径流与地下管道排水之间的数据交换，耦合求解水动力模型，使模型能够精确计算出内涝淹没深度。④无充足资料或无资料地区数值模拟。在 SWMM 中应探讨在无充足资料或无资料情况下模拟城市地表径流污染物负荷的途径和方法，并能处理只能获取照片资料的工程。⑤克服 SWMM 模拟水动力过程的缺陷，在城市内涝模拟中将发挥更大的作用。

## 2.2　GAST 模型原理及模拟功能

西安理工大学开发的 GAST 模型是集合了地表水动力模型、地下水动力模型和管道水动力模型，并耦合了污染物输运、扩散和反应过程的模拟系统。模型采用 Godunov 类型有限体积法（finite volume method，FVM）对各过程控制方程进行数值求解。模拟语言采用 C++及用于 GPU 并行计算的 CUDA 语言。计算网格为三角形网格和矩形网格，可根据计算需要自由选择。模拟算法开发过程严格遵循"三高"原则，即高精度、高效率和高稳定性[14-22]。GAST 模型能模拟地表水及其伴随输移过程，并采用 GPU 并行计算技术提高模拟效率。当网格类型采用矩形网格，对于复杂的不规则边界，边界处的地形网格会呈现锯齿状，可采用高精度地形网格数据来描述不规则边界。对于地形建筑物处理，通过无人机机载激光雷达获取高精度的数字高程模型（digital elevation model，DEM），描述建筑物的轮廓及高程以及复杂地形起伏情况。模型中的 LID 措施处理是基于概化理念，将透水铺装、雨水花园、植草沟等措施等效为节点，耦合排水管网模型进行模拟计算。土地利用类型是根据高精度遥感影像数据进行解译划分而成，模型中不同土地利用类型的属性编号与地形网格是一一对应的，且与网格的下渗参数和曼宁系数也是相对应的。

### 2.2.1　GAST 模型组成及数值求解方法

GAST 模型在地表水文及水动力过程模块、管网排水过程模块、污染物及泥沙输移过程模块、海绵设施作用过程模块的支持下，可实现地表水产汇流过程、排水过程、洪涝过程、污染物输移、多种 LID 措施效果等有效模拟。模型原理及模块构成见图 2-3。通过对接提供的数值模拟结果，可有效应用于城市地表水产汇流过程的模拟预测。对于城市规划部门及工程建设部门，可有效用于城市涉水指标，如年径流、内涝及面源污染等的模拟评估，以及工程水文水力和环境要素的计算，可有效指导防洪排涝工程措施的规划、设计、施工和管理与非工程措施的实施。

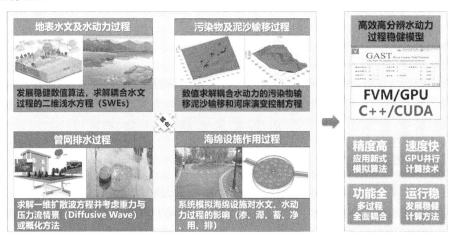

图 2-3　模型原理及模块构成

GAST 模型采用 Godunov 类型有限体积法对地面漫流过程控制方程进行数值求解。地表水动力学模拟通过数值求解二维浅水方程来实现，且包含下渗和出流，并改进已有的模拟算法来更好地处理复杂地形和流态等问题。采用 Godunov 格式的有限体积法对二维圣维南方程进行数值求解，所采用的控制方程的守恒形式如式（2-22）和式（2-23）所示[14,21,22]：

$$\frac{\partial \boldsymbol{q}}{\partial t} + \frac{\partial \boldsymbol{f}}{\partial x} + \frac{\partial \boldsymbol{g}}{\partial y} = \boldsymbol{S} \tag{2-22}$$

$$\boldsymbol{q} = \begin{bmatrix} h \\ q_x \\ q_y \end{bmatrix}, \quad \boldsymbol{f} = \begin{bmatrix} uh \\ uq_x \\ uq_y \end{bmatrix}, \quad \boldsymbol{g} = \begin{bmatrix} vh \\ vq_x \\ vq_y \end{bmatrix}, \quad \boldsymbol{S} = \begin{bmatrix} i_a \\ -gh\partial z_b / \partial x - C_f u\sqrt{u^2 + v^2} \\ -gh\partial z_b / \partial y - C_f v\sqrt{u^2 + v^2} \end{bmatrix} \tag{2-23}$$

式中，$\boldsymbol{q}$ 为变量矢量，包括水深 $h$、两个方向的单宽流量 $q_x$ 和 $q_y$；$u$ 和 $v$ 分别为两个方向的流速；$\boldsymbol{f}$ 和 $\boldsymbol{g}$ 分别为两个方向的通量矢量；$t$ 为时间，s；$g$ 为重力加速度，m/s$^2$；$\boldsymbol{S}$ 为源项矢量，包括净雨源项、底坡源项和摩阻力源项；$i_a$ 为净雨强度，mm/h，数值上为降雨强度减去下渗速率、蒸腾蒸发速率和植被截留速率；$z_b$ 为地形高程，m；$C_f$ 为床面摩擦系数，$C_f = gn^2 / h^{1/3}$，其中 $n$ 为曼宁系数。本模型中也考虑了降雨阻力的影响。

模型选用二阶精度的守恒型单调迎风格式（monotonic upwind scheme for conservation laws，MUSCL）对变量值进行空间插值，以提高计算精度。在控制单元内，界面上的物质与动量通量通过 Harten-Lax-van Leer-Contact（HLLC）近似黎曼求解器计算。为了适应任意复杂非结构化网格，底坡源项采用底坡通量法处理，即将一个计算单元中的坡面源项转换为位于该单元边界上的通量。摩阻力使用隐式法进行计算。在处理洪涝过程中常遇到的干湿交替问题时，在静水重构（hydrostatic reconstruction）法的基础上，引入了精度格式自适应方法，即在干湿边界处水深急剧变化的条件下，算法的二阶格式自动降阶为一阶，以保证计算稳定性，并通过二步龙格-库塔（Runge-Kutta）法来进行时间推进。

### 2.2.2 管网汇流模型

GAST 模型中管网汇流模型通过雨水井点与二维地面漫流模型连接，然后通过堰流公式计算地表雨水汇入雨水井的水量。管网汇流模型将管道内的水流按照非恒定流形式进行计算，通过求解扩散波方程计算管道流量。同时，修正了雨水井出现负水深的情况，可以准确、真实地反映出排水系统的运行状态。管网模型计算及耦合地表过程简化示意如图 2-4 所示。

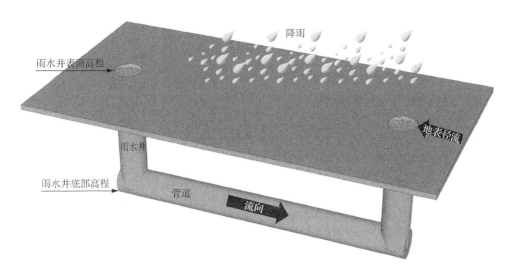

图 2-4　管网模型计算及耦合地表过程简化示意图

管网模型通过计算雨水节点和管道两部分产汇流过程进行管网系统计算，其中管网模块采用有限差分法求解扩散波方程计算管道流量，扩散波方程如式（2-24）和式（2-25）所示：

$$\frac{\partial A_{\mathrm{p}}}{\partial t}+\frac{\partial Q_{\mathrm{p}}}{\partial s_{\mathrm{p}}}=0 \tag{2-24}$$

$$\frac{\mathrm{d}Q_{\mathrm{p}}}{\mathrm{d}t}+gA_{\mathrm{p}}\frac{\mathrm{d}Z_{\mathrm{p}}}{\mathrm{d}s_{\mathrm{p}}}+gA_{\mathrm{p}}S_{\mathrm{fp}}=0 \tag{2-25}$$

式中，$Q_{\mathrm{p}}$ 为管道流量；$A_{\mathrm{p}}$ 为管道过水断面面积；$t$ 为时间；$s_{\mathrm{p}}$ 为固定横截面沿流程的距离；$Z_{\mathrm{p}}$ 为管道水深；$g$ 为重力加速度；$S_{\mathrm{fp}}$ 为管道摩阻比降。

对于雨水节点中水深，通过求解改进的守恒方程进行计算，如式（2-26）所示：

$$\frac{\partial h_{\mathrm{I}}}{\partial t}=\frac{\sum\limits_{j}Q_{\mathrm{p}j}+Q_{\mathrm{I}}-Q_{\mathrm{o}}}{A_{\mathrm{I}}} \tag{2-26}$$

式中，$h_{\mathrm{I}}$ 为雨水节点处水深；$t$ 为计算时间；$Q_{\mathrm{p}j}$ 为编号为 $j$ 的管道流量，入流为正，出流为负；$Q_{\mathrm{I}}$ 为地表汇入雨水节点的流量；$Q_{\mathrm{o}}$ 为管道出流雨水节点的流量；$A_{\mathrm{I}}$ 为雨水节点面积。

此处采用堰流公式进行计算，表达式如式（2-27）所示：

$$Q_1 = \varphi \pi d_1 h_s \tag{2-27}$$

式中，$d_1$ 为节点直径，m；$h_s$ 为节点水深，m；$\varphi$ 为局部水头损失。

### 2.2.3 污染物及泥沙输移模型

污染物输移模拟的控制方程为对流扩散方程，如式（2-28）所示：

$$\frac{\partial(hC)}{\partial t} + \frac{\partial(huC)}{\partial x} + \frac{\partial(hvC)}{\partial y} = \varepsilon\left[\frac{\partial^2(hC)}{\partial x^2} + \frac{\partial^2(hC)}{\partial y^2}\right] - S_c \tag{2-28}$$

式中，$h$ 为水深，m；$C$ 为垂线平均污染物浓度，mg/L；$t$ 为时间，s；$u$ 和 $v$ 分别为两个方向的流速；$S_c$ 为反应项；$\varepsilon$ 为泥沙/污染物紊动扩散系数。

对泥沙演进过程求解时，对浅水方程与泥沙输移方程进行同步求解，在原浅水方程中增加泥沙项，可将式（2-23）改写为式（2-29）和式（2-30）的形式[10]：

$$\boldsymbol{q} = \begin{bmatrix} \eta \\ q_x \\ q_y \\ hC_s \\ hC_b \\ z_b \end{bmatrix}, \boldsymbol{f} = \begin{bmatrix} q_x \\ uq_x + gh^2/2 \\ q_y u \\ q_x C_s \\ \beta q_x C_s \\ 0 \end{bmatrix}, \boldsymbol{g} = \begin{bmatrix} q_y \\ vq_x \\ vq_y + gh^2/2 \\ q_y C_s \\ \beta q_y C_s \\ 0 \end{bmatrix} \tag{2-29}$$

$$\boldsymbol{S} = \begin{bmatrix} 0 \\ S_{bx} + S_{fx} \\ S_{by} + S_{fy} \\ E_s - D_s \\ E_b - D_b \\ \dfrac{D-E}{1-p} \end{bmatrix} = \begin{bmatrix} 0 \\ -\dfrac{gh\partial z_b}{\partial x} - C_f u\sqrt{u^2+v^2} \\ -\dfrac{gh\partial z_b}{\partial y} - C_f v\sqrt{u^2+v^2} \\ \varpi_0\left(C_{sae} - C_{sa}\right) \\ -\dfrac{q_x c_b - \beta q^*}{L} \\ \dfrac{1}{1-p}\left[\alpha\left(\dfrac{q_x c_b - q^*}{\beta L}\right) + \varpi_0(1-\alpha)\left(C_{sa} - C_{sae}\right)\right] \end{bmatrix} \tag{2-30}$$

式中，$D$ 和 $E$ 分别为沉积率和冲刷率；下标 s 和 b 分别为悬移质和河床；$\varpi_0$ 为静水中单一沉降颗粒的沉降速度；$C_{sa}$ 为参考高度 $a$ 处的近底含沙量；$C_{sae}$ 为同一参考高度 $a$ 下的平衡近底含沙量，选用 Smith & McLean 提出的函数计算；$\beta$ 为沉积相与水流的速度的差异，可以在 Shields 参数表中获得[14]；$q^*$ 为输沙能力，可通过 Meyer-Peter-Müller 公式计算；$L$ 为泥沙运输的非平衡适应长度，由经验公式确定；$p$ 为河床孔隙比；$h$ 为水深；$g$ 为重力加速度；$\alpha$ 为权重系数。泥沙计算所选用参数均来源于经验公式。

### 2.2.4　低影响开发设施模块

本模型对 LID 设施作用在管网节点内进行单元化处理，以实现其与整体模型耦合。一般，雨水进入单项低影响开发措施时，首先在措施内下渗，超过下渗能力的雨水在内部蓄存，直至达到溢流条件，在出口处发生溢流，溢流的雨水进入市政管网参与城市水循环。将单体 LID 设施作用耦合进城市管网模型中，因溢流雨水会进入市政管网，将各单项 LID 设施作用在管网节点内进行概化计算。

单项 LID 设施的径流调控范围取决于其汇流比，汇流比为单项措施能控制的除 LID 设施之外的汇水区面积与单项 LID 设施面积之比。单项 LID 设施单元化，即将单项 LID 设施与其控制的汇水区域作为一个计算单元，如图 2-5 所示，编号为 2 的网格代表单项 LID 设施，编号为 1 的网格代表该措施汇流比范围内的汇水区域。单项 LID 设施作用的计算在概化的节点内完成，过程不受地形网格精度的影响。

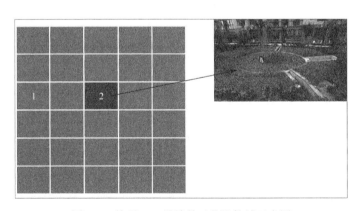

图 2-5　单项 LID 设施单元化计算域示意图

具体计算步骤如下所示。

第一步：设置雨水花园所在位置节点与管道，研究区域面积选用雨水花园汇流比取值，节点个数为 2，分别为雨水花园所在节点与出口节点，管道个数为 1。

第二步：设置雨水花园物理参数与几何参数，如下渗、半径、入流口与出流口堰高、堰宽等。

第三步：更改雨水花园所在节点流量计算方法。普通节点流量计算时，以节点所在地表水深为堰上水头，按照堰流公式计算进入节点内的流量，当节点内蓄存水位达到管道高度时流入管道参与管网排水过程；雨水花园所在节点流量计算时，判断地表水深与雨水花园进口堰高的大小，当水深小于进口堰高时该节点不进水，当水深大于进口堰高时该节点以堰流公式进水，堰上水头为地表水深减去进口堰高。进入节点的水首先按照雨水花园下渗率大小进行下渗，计算得到的水深与雨水花园出口堰高进行比较，当下渗之后的水深大于出口堰高时，按照堰流公式计算进入管道的流量，该部分水即为该单项 LID 设施未控制住的水。

### 2.2.5 GAST 模型优势及适用范围

GAST 模型适用于模拟地表水及其伴随输移过程的数值模型。相对于普通的水动力学数值模型，该模型具备如下优势：

（1）数值求解格式为 Godunov 类型的有限体积法，该类方法能够很稳健地解决不连续问题，并可严格保持物质守恒。

（2）采用一套能适用于任何复杂网格的二阶算法，不仅提高了模拟的精度和计算效率，还解决了在地表水流动和物质输移过程模拟中一些其他数值求解难题，如处理复杂地形、复杂边界、复杂流态，包括干湿演变等。

（3）除了水动力过程，水流运动中伴随的其他物理和生物化学反应过程，如泥沙输移淤积及其引起的河床演变、污染物的输移和反应，也被耦合在该模型中得以精确模拟。

（4）能进行排水管网明流、满流流态的精确模拟计算，并实现与地表径流模拟的同步耦合。

（5）该模型的一个特点是利用新的硬件技术来提高计算性能，以满足实际应用需求。采用 GPU 技术加速计算，该技术可以在单机上实现大规模计算（较同成本的 CPU 计算机能提速 20 倍左右）。

GAST 模型在水利、市政和环境工程方面有着广泛应用，如流域产汇流的水动力学模拟，流域和城市雨洪过程的模拟预测，污染物输移扩散及反应的定量计算，流域及江河港口泥沙冲淤的计算，风暴潮、泥石流和海啸等水灾害的模拟。水动力学模拟：模拟江河湖海等天然水体的水流运动过程，溃坝等激波捕捉问题，复杂地形上干湿交替过程和薄层水流，风暴潮、泥石流和海啸等水灾害过程。流域和城市水文学：高效高精度山洪预报、高效高分辨率城市内涝模拟、海绵城市建设评估、气候变化对流域和城市水灾害的影响评估、城市水文 LID 措施优化布设方法等。流域泥沙与河流泥沙动力学：高分辨率流域侵蚀模拟、水保工程措施成效综合评估、多组分全沙输运模拟、泥沙冲淤对水灾害的影响研究。水环境和水生态模拟：多组分污染物的输移和反应过程高精度模拟、工业或矿区点源污染稳健模拟、农业与城市面源污染评估与预测等（图 2-6～图 2-11）。

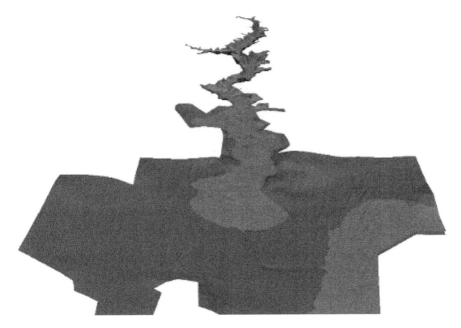

图 2-6　溃坝洪水过程模拟

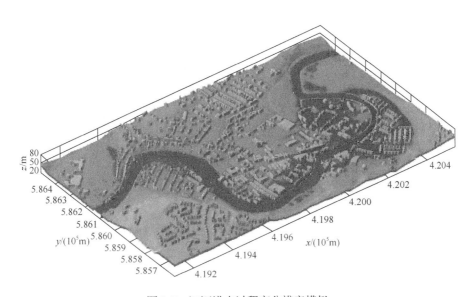

图 2-7　江河洪水过程高分辨率模拟

图 2-8　城市内涝积水点/片高精度模拟

耦合地表水与排水管网模拟

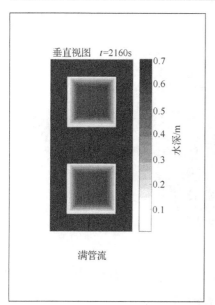

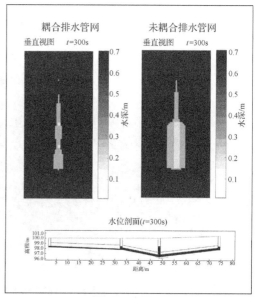

图 2-9　管网排水过程效果模拟

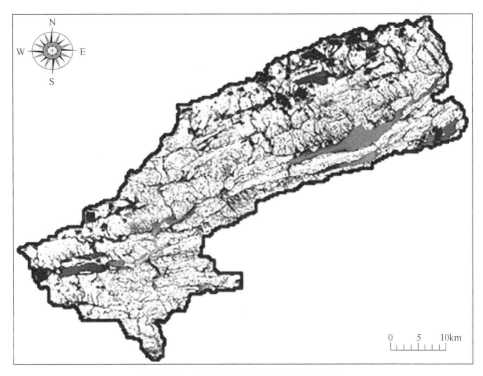

图 2-10  高精度流域地表径流过程模拟

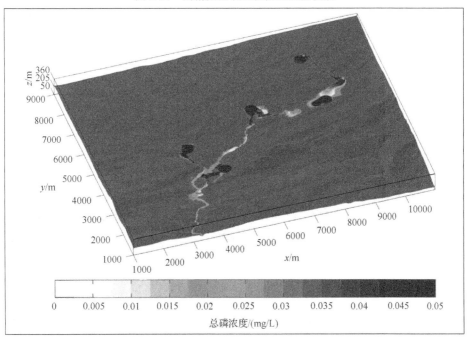

图 2-11  面源污染物迁移过程模拟

模拟结果的用途：研究气候变化对水环境的影响；指导流域管理，抗洪减灾，水利、水环境和水土保持工程规划、设计和管理，城市规划，土地利用规划；研究河道及港口泥沙演变；研究水污染成因和影响以及协助制定水污染治理方案和工农业用水方案等[15-23]。

## 2.3　其他模型原理及模拟功能简介

### 2.3.1　MIKE 模型

MIKE 模型是丹麦水力研究所（Danish Hydraulic Institute，DHI）的产品[24]。DHI 成立于 1964 年，相继推出了 MIKE 系列模型，如 MIKE 11、MIKE 21、MIKE 3、MIKE URBAN、MIKE FLOOD 和 MIKE BASIN 等[16]。

MIKE 11 是具有水流、水质和泥沙等多功能水环境数值模拟的一维水动力学模型软件[25]。以圣维南方程组为理论基础，可以与 DHI 开发的其他软件进行交互使用[26]。MIKE 11 的主要模块有水动力（hydrodynamic，HD）模块、降雨径流（rainfall runoff，RR）模块、非黏性泥沙输运（sediment transport，ST）模块、对流扩散（transport model AD）模块、水质生态（ecological process ECO Lab）模块等[27]。HD 模块为其他模块提供计算基础，是 MIKE 11 软件中最重要的模块。该模块主要基于一维圣维南方程，并利用六点中心隐式差分格式（Abbott）进行求解，模拟得到各河道断面、各个时刻的水位和流量等水文要素信息，这样通过方程组的求解有利于保证模型稳定性和计算精度。MIKE 11 可以与 GIS 文件数据交互，并能够与 MIKE SHE、MIKE 21、MIKE URBAN 进行耦合计算。

MIKE 21 是二维自由水面流动模拟系统工程软件，适用于湖泊、河口、海湾和海岸地区的水力模拟及其相关现象的平面二维仿真模拟。MIKE 21 包含二维水动力模型、波浪模型、水质运移模型、富营养模型。MIKE 21 与 MIKE 11 相比，在网格划分上，MIKE 21 模型有着高于 MIKE 11 的计算精度；在稳定性上，MIKE 21 具有较为稳定的算法，可以很好地进行水流的演进、退水的全过程模拟；MIKE 21 能够实现对于漫堤的模拟。MIKE 21 不足之处：对数据有较高的要求，需要进行数据前处理，且所需时间较长；对于支流和河道，若进行较小尺度区域的模拟，则需要具有详细具体的网格[28]。

MIKE URBAN 是 MIKE 模型家族中一款专为城市水系量身定做的模拟工具，是一款主要用于模拟城市给水排水管网系统的建模工具[29]。排水系统模型是进行城市雨洪管理分析的重要部分，不同的排水系统模型有着不同的特点[30]。MIKE URBAN 模型是其中一种，相较于其他模型仅在某一方面表现突出，即在模拟城市管网的同时能够实现二维地面洪水的演算[31]。MIKE URBAN 模型假设水流沿管道横断面没有变化（即隐式有限差分法）来求解一维水流问题[32]。对于水流在管道中的运动，其提供了恒定流法、运动波法和动力波法三种计算方法，恒定流法演算最为简单，但是恒定流法无法模拟管道中的回水、储水、进出口损失、有压流等情况；运动波法与恒定流法相比，能更加准确地模拟管道中水流随时间和空间的变化过程，但是未能考虑回流和进出口损失等影响，只能用于树状管网的模拟计算；动力波法弥补了前两种方法的不足，能够模拟有压流、管道存蓄、回水、进出口损失、逆向流等多种水流状态。其中，动力波法通常利用曼宁公式将流速、水深和河床坡度联系在一起，通常采用六点 Abbott-Ionesco 隐式有限差分格式求解由质量守恒方程和动量守恒方程组成的圣维南方程组联合求解[33]。

MIKE FLOOD 是 MIKE URBAN/MIKE 11 和二维模型 MIKE 21 的优势整合，实现模拟城区排水在管网中和在地表可能出现的积水处水流情况，是一个动态耦合的模型系统，适用于管网、明渠、河道及坡面水流模拟，也适用于流域和城市洪水的模拟预测。该耦合模型不仅可以发挥出两个模块的优势，还能够有效规避单独模拟时遇到的精度和步长等方面的问题。

MIKE BASIN 是应用于流域或区域的水资源综合规划和管理工具，包括水量平衡模型、水文分析模型、地下水模型、综合水质模型和水库调度模型。该软件可为未来流域复杂的水资源计算、多目标开发利用、水环境保护、制定工程规划等专项研究提供有效工具；通用性强，适于大、小流域和行政区域各种复杂条件水资源问题研究；综合性强，可进行水量、水质综合平衡研究，单库、多库联合优化调度等多目标问题研究。但是，MIKE BASIN 进行复杂水库水资源配置计算时，如果没有对模型进行二次开发，无法考虑水库群间补偿调节及互相错峰的作用，因此计算结果会产生偏差[34]。虽然 MIKE BASIN 设有 VB 接口，但使用者一般难以完成[35]，因此该软件大多用于单一水库或单纯的串并联水库计算上。

### 2.3.2　Info Works 模型

Info Works 模型是应用在河流+城镇尺度上较为典型的雨洪模型，集成了城市地上和地下雨水系统，从整体上实现对整个城市雨水系统、污水系统和流域系统的动态模拟[36-38]。

Info Works 模型包含了降雨处理模块、地面径流模块、下渗蓄积模块、低冲击开发模块、水质分析模块，可以对现有排水系统进行准确地建模和现状分析，更为真实地模拟地下排水系统与地表受纳水体之间的相互作用，并进行实时洪水预报、预警，进而可以更为准确地排查出排水系统存在的弊端和瓶颈问题；之后，又可以利用软件辅助规划和改建工程的建设，为排水系统提供全方位的功能支持[39]。目前，应用较为广泛的子模型有 Info Works ICM、Info Works CS 和 Info Works RS 等。

Info Works ICM 是建立在 SWMM 基础上的一种新型城市排水模型[38,40-44]，可以通过 MOSQITO 水质模型来模拟污染物的累积与冲刷。该模型可以提供一系列雨洪模拟工具，不仅被运用在排水管网的模拟中，也被运用在城市的水文模拟中；另外，还可利用其内置的 SUDS 模块对 LID 措施的水文机制进行模拟。

Info Works CS 是 HR Wallingford 集团下属 Wall-ingford 软件公司开发的城市排水系统模型。早期的版本采用 WALLRUS 作为水力计算基础，采用 MOSQITO 管道水质模型模拟污染物[45]。1998 年，用 Hydroworks QM 模型取代了早期的 WALLRUS 和 MOSQITO，集成到 Info Works CS 中，最新版本已经发展到了 Info Works CS 11。Info Works CS 为市政给排水提供了别具一格的、完整的系统模拟工具，可以仿真模拟城市水文循环，进行管网局限性分析和方案优化，准确、快速地进行网络模拟。

Info Works RS[39]内嵌了先进的 ISIS 水力模拟引擎、图形分析功能和关系数据库，并能很容易地将测量数据和时间序列整合在详细、准确的模型中，可快速准确地模拟河流系统。Info Works RS 可模拟降雨径流、明渠、滞洪区、堤坝和复杂的水工结构及调度。成果的表现包括在地理背景下的动态演示，纵断面、横断面视图以及利用图、表的成果分析报告。Info Works RS 包含错综复杂的错误诊断、警告、快速调用所有与帮助系统整合的在线文档。Info Works RS 中的洪水插值模型能利用输入的地面模型，产生洪水淹没图。洪水插值模型允许产生任何事件的连续洪水淹没图、动态回放，显示最大洪水淹没范围和水深，并显示在洪水淹没模型外包线范围内任一点的水位、水深，以及指定点的淹深、滞时报告。Info Works RS 中还存在个别问题，需进一步完善，以适应我国国情。例如，该系统中概念性降雨径流模型仅 PDM 一个，难以满足我国幅员广、降雨和下垫面形式多样性的要求；系统中 ISIS 模型为一维恒定流、非恒定水动力学模型，对蓄滞洪区洪水运动的模拟精度相对较差；PDM 模型调试参数计算时，当前版本（Info Works RS 8.0）只能在英文操作系统下进行，使用不方便。

姚宇[46]利用 Info Works CS 模型对蚌埠市沫河口工业园排水管网进行模拟，评估了城市核心区排水系统的运行性能，为排水管网的改扩建及应急预案的优化提供分析平台。李建勇[43]以 Info Works ICM 模型为平台，通过不同的降雨情景对上海市杨浦滨江区排水管网系统进行了模拟计算，评估了排水口出水状况和管道负荷情况，并在此基础上对瓶颈的管网进行优化，为区域防洪排涝和管网改造与维护提供了技术和决策支持。Othman 等[47]在 2013 年利用 Info Works RS 进行了赤道地区洪涝事件的模拟，将 1926～2012 年的洪涝灾害进行了建模分析，为当地区域绘制了内涝灾害风险图，给内涝预防提供了有效措施。

### 2.3.3　TUFLOW 模型

TUFLOW 模型系列软件由澳大利亚 WBM 公司开发,从 20 世纪 60 年代起经历了不断完善和升级。TUFLOW 模型系列软件包括一维河网或管网水流模型引擎、一维/二维耦合洪水和城市暴雨内涝模型引擎、三维水流模型引擎,还包括了规则网格上的经典有限差分引擎、有限控制体积引擎、非结构网格上的二维和三维有限控制体积引擎。除了水流模拟,TUFLOW 模型还嵌套了对流扩散模拟模块、水质模拟模块、泥沙输运与河床演变模拟模块等。

在英国环境部 2003 年举行的多种洪水模型软件对比试验(泰晤士河溃堤模拟)和 2012 年完成的全球 19 种洪水模型软件的基准测试(8 个标准基准测试项目)中,TUFLOW 模型综合评分均排名第一,特别是模型的运算速度远远超过所有其他知名软件。TUFLOW 模型软件已在全澳大利亚、新西兰、英国和部分欧洲国家、北美等许多国家或地区得到广泛应用。

在 TUFLOW 模型系列软件产品中,于 2017 年 9 月发布的 TUFLOW 高性能计算(high performance computation,HPC)引擎是全球洪水模型商业软件中第一款能够对一维和二维耦合洪水模型采用 GPU 并行计算技术进行加速(一块 GPU 卡可含超过 5000 个计算处理核)且经过基准测试和验证后正式发布的软件,它能够将一维和二维耦合洪水模型的运算速度提高 100 倍以上。

TUFLOW 模型优点:模型稳定性和收敛性好、干湿迅速、一维和二维连接性强、二维域多、水工建筑物一维和二维均可在模型中设置、堤防自动流态转换、一维和二维超临界流、有效数据处理和质量控制输出。TUFLOW 模型适用于模拟主要河流的洪水,包括复杂的陆上和管道城市水流,以及河口和海岸水力学。TUFLOW 模型使用 GIS 来管理、操作和呈现数据,使用第三方软件(如 SMS)来查看和动画结果。

### 2.3.4　LIST FLOOD 模型

LIST FLOOD 模型是一种二维水动力模型,专门设计用于复杂地形上,以高效率模拟漫滩淹没。该模型用于模拟动态洪水事件,并可以利用遥感技术(如机载激光雷达和卫星干涉雷达)更新地形信息。该模型预测了每个网格单元在每个时间步长的水深,从而可以模拟洪水波在河流、海岸和河口漫滩上的动态传播。在河流淹没的情况下,它还输出预测各阶段和河段出口流量过程线等。模型应用圣维南方程组模拟洪水波沿河道河段通过的过程。洪水一旦超过了堤岸的深度,水就会从河道流向邻近的漫滩地区,二维洪水扩散是通过在栅格网格(raster grid)上应用的存储单元概念进行模拟的。在光栅网格中,有三种计算单元间水流的选项，它们的物理复杂性各不相同。在最简单的情况下，该模型假定洪水在低洼地形上的扩散是重力和地形的函数，而最复杂的情况则使用浅水方程。该模型可利用最新发展的地形遥感（如机载激光）获得高精度地形数据。国外学者已经尝试将 LIST FLOOD 模型与水文模型、水力学模型结合，应用于洪水预报及早期预警及洪灾风险评估中。Pappenberger 等[48]实现了将欧洲中期天气预报中心（European Centre for Medium-Range Weather Forecasts，ECMWF）的集合预报与 LIST FLOOD 耦合模型进行河流预报，取得了优于只使用 ECWMF 确定性预报的洪水预报效果。

LIST FLOOD-FP 核心求解器可分为两大求解器，一维河道求解器和二维蓄洪区求解器。这两类求解器并不独立，模型在求解时能相互调用。河道求解器主要分为运动波求解器和扩散波求解器；蓄洪区求解器则可分为汇流求解器、限流求解器、自适应求解器、加速/惯性求解器和 Roe 求解器。用户在选择求解器时，仅可选择其中一种河道求解器和一种蓄洪区求解器进行模拟运算。在模拟洪水波的传播过程中，使用了简化的浅水方程，其原理都是连续性方程和动量方程。

### 2.3.5  TELEMAC 模型

TELEMAC 模型是法国国家水力与环境实验室（National Hydraulic and Environment Laboratory）开发的基于有限元方法的开源水动力模型，适用于河流、湖泊、河口和海岸等自由表面流（free-surface flow）的一维、二维和三维水力学模型系统。该模型主要利用有限元数值方法求解纳维-斯托克斯（Navier-Stokes，N-S）方程，并在 V6P1 和 V6P2 版本中新添加了有限体积法。该模型分为多个子模块，包括二维水动力模块（TELEMAC-2D）、三维水动力模块（TELEMAC-3D）、波浪模块（TOMAWAC）和泥沙模块（SISYPHE）等。这些子模块可以单独进行模拟，也可以彼此间进行耦合运算。

TELEMAC-2D 模块解算了深度平均的圣维南自由流体方程[49]，计算结果主要包括自由水面波动（水深变化值）和流速变化值（深度平均）；该模块可以用于研究风暴潮、河流海岸动力学、波的传播、泥沙和污染物输移等，其网格划分为非结构化三角形网格，对于重要区域可进行局部加密，将研究区域划分成不规则三角网（TIN），TIN 对复杂地形的适用性比较强，必要的时候可以对网格进行局部加密，减小误差，网格划分完成后用有限元法或有限体积法求解圣维南方程组。在一个给定的区域内，给定初始条件和边界条件，求出计算区域内的自由面高程和水深方向平均的速度矢量。该模块可以包含以下重要因素：非线性作用的长波传播[50]，底床摩擦作用，科氏力作用大气压和风力作用，紊流，水平向温度和盐度梯度对液体密度的作用，潮滩和洪积平原的干湿变化，拉格朗日漂流，鱼嘴、导堤、丁坝造成的突变作用，溃坝，耦合沉淀传播模型，耦合水质模型。

　　TELEMAC-3D 模块模拟[50]在三维坐标下解算自由流体方程组（水文静态压力假设）和定量传播–扩散方程组（温度、盐度和浓度），最终在三维坐标系下解算速度场和质量场；水深值由表层格网求得。TELEMAC-3D 模块各组件解算的三维动态水文方程组都基于以下假设：N-S 方程组的液体表面可自由波动；质量守恒等式中不考虑液体密度场变化（不可压缩流体）；总压力=大气压力+上覆液体总重量（流体静力学假设）；布西内斯克（Boussinesq）重力项不考虑密度变化。

　　本小节主要对海绵效果模拟评价常用软件原理和功能进行了介绍，重点对SWMM 和 GAST 模型的原理及模拟功能进行了详细描述，主要包括模型组成、地表产流计算模型、管网汇流模型和模型适用范围与优势等进行了介绍。对其他常用模型，如 MIKE、Info Works、TUFLOW、LIST FLOOD 和 TELEMAC 模型的主要功能进行了简介，并从捕捉激波、空间维数、动床演变和水质模拟，以及计算处理器对各种模型进行了对比分析。常用水动力软件功能对比分析见表 2-3。

表 2-3　常用水动力软件功能对比分析

| 软件名称 | 捕捉激波 | 空间维数 | 动床演变 | 水质模拟 | 计算处理器 |
|---|---|---|---|---|---|
| HEC-RAS | 不能 | 一维 | 不能 | 不能 | CPU |
| ISIS-2D | 能 | 二维 | 不能 | 不能 | CPU |
| TUFLOW-GPU | 能 | 二维 | 不能 | 不能 | GPU |
| TUFLOW-FV | 能 | 二维 | 能 | 能 | CPU |
| MIKE 21 | 能 | 二维 | 能 | 能 | CPU |
| JFLOW | 不能 | 二维 | 不能 | 不能 | CPU |
| JFLOW-GPU | 不能 | 二维 | 不能 | 不能 | CPU 或 GPU |
| LIST FLOOD-FP | 不能 | 二维 | 不能 | 不能 | CPU |
| TELEMAC-2D | 能 | 二维 | 不能 | 能 | CPU |
| Delft3D | 能 | 三维 | 能 | 能 | CPU |
| GAST（自主研发） | 能 | 二维 | 能 | 能 | CPU 或 GPU |

参 考 文 献

[1] CIPOLLA S S, MAGLIONICO M, STOJKOV I. A long-term hydrological modelling of an extensive green roof by means of SWMM[J]. Ecological Engineering, 2016, 95: 876-887.

[2] ROSSMAN L A. Storm Water Management Model(SWMM) Version 5.1 User's Manual[R]. Washington D C: U. S. EPA Office of Research and Development, 2015.

[3] 张士官, 吕谋, 焦春蛟, 等. 雨洪管理模型 SWMM 原理解析及应用进展[J]. 人民珠江, 2019, 40(12): 37-42, 69.

[4] ZAHMATKESH Z, BURIAN S J, KARAMOUZ M, et al. Low-impact development practices to mitigate climate change effects on urban stormwater runoff: Case study of New York City[J]. Journal of Irrigation and Draiange Engineering, 2015, 141(1): 1973-1985.

[5] LI J, LI Y, LI Y. SWMM-based evaluation of the effect of raingardens on urbanized areas[J]. Environmental Earth Sciences, 2016, 75(1): 1-14.

[6] 李霞, 石宇亭, 李国金. 基于 SWMM 和低影响开发模式的老城区雨水控制模拟研究[J]. 给水排水, 2015, 41(5): 152-156.

[7] MULETA M K, MCMILLAN J, AMENU G G, et al. Bayesian approach for uncertainty analysis of an urban storm water model and its application to a heavily urbanized watershed[J]. Journal of Hydrologic Engineering, 2013, 18(10): 1360-1371.

[8] 张静, 周玉文, 刘春, 等. 降雨地表径流水质模拟中 SWMM 模型水质参数确定[J]. 环境科学与技术, 2017, 40(5): 165-170.

[9] LI C H, ZHENG X K, ZHAO F, et al. Effects of urban non-point source pollution from Baoding City on Baiyangdian Lake, China[J]. Water, 2017, 9(4): 1305-1322.

[10] 黄国如, 聂铁锋. 广州城区雨水径流非点源污染特性及污染负荷[J]. 华南理工大学学报(自然科学版), 2012, 40(2): 142-148.

[11] PATHIRANA A, TSEGAYE S, GERSONIUS B, et al. A simple 2-D inundation model for incorporating flood damage in urban drainage planning[J]. Hydrology and Earth System Sciences, 2011, 15(8): 2747-2761.

[12] TILINGHAST E, HUNT W, JENNINGS G. Stormwater control measure(SCM)design standards to limit stream erosion for Piedmont North Carolina[J]. Journal of Hydrology, 2011, 49(24): 185-196.

[13] 宋翠萍, 王海潮, 唐德善. 暴雨洪水管理模型 SWMM 研究进展及发展趋势[J]. 中国给水排水, 2015, 31(16): 16-20.

[14] 舒安平, 张欣, 段国胜, 等. 非均质泥石流起动判别关系式[J]. 水利学报, 2017, 48(7): 757-764.

[15] 侯精明, 马勇勇, 马利平, 等. 无高精度地形资料地区溃坝洪水演进模拟研究——以金沙江叶巴滩—巴塘段为例[J]. 人民长江, 2020, 51(1): 64-69.

[16] 马利平, 侯精明, 张大伟, 等. 耦合溃口演变的二维洪水演进数值模型研究[J]. 水利学报, 2019, 50(10): 1253-1267.

[17] 马利平, 侯精明, 刘昌军, 等. 清水沟水库溃坝对主河道行洪过程影响数值模拟研究[J]. 水资源与水工程学报, 2019, 30(1): 130-136.

[18] 侯精明, 马利平, 陈祖煜, 等. 金沙江白格堰塞湖溃溃坝洪水演进高性能数值模拟[J]. 人民长江, 2019, 50(4): 8-11, 70.

[19] 齐文超, 侯精明, 刘家宏, 等. 城市湖泊对地表径流致涝控制作用模拟研究[J]. 水力发电学报, 2018, 37(9): 8-18.

[20] 刘菲菲, 侯精明, 郭凯华, 等. 基于全水动力模型的流域雨洪过程数值模拟[J]. 水动力学研究与进展(A 辑), 2018, 33(6): 778-785.

[21] 李东来, 侯精明, 王新宏, 等. 河床冲淤对洪水演进影响数值模拟研究[J]. 泥沙研究, 2018, 43(5): 13-20.

[22] 侯精明, 王润, 李国栋, 等. 基于动力波法的高效高分辨率城市雨洪过程数值模型[J]. 水力发电学报, 2018, 37(3): 40-49.

[23] 侯精明, 李桂伊, 李国栋, 等. 高效高精度水动力模型在洪水演进中的应用研究[J]. 水力发电学报, 2018, 37(2): 96-107.

[24] SOFTWARE DHI. MIKE 21 FLOW MODEL Hydrodynamic Module Scientific Documentation[R]. Copenhagen, Denmark: Danish Hydraulic Institute, 2012.

[25] 刘龙志, 马宏伟, 杜垚, 等. 基于 MIKE 模型的海绵城市内涝整治方案效果分析[J]. 中国给水排水, 2019, 35(12): 13-18.

[26] 朱茂森. 基于 MIKE 11 的辽河流域一维水质模型[J]. 水资源保护, 2013, 29(3): 6-9.

[27] 张斯思. 基于 MIKE 11 水质模型的水环境容量计算研究[D]. 合肥: 合肥工业大学, 2017.

[28] 连阳阳. 基于 MIKE 一二维耦合的安康城市洪水风险图编制研究[D]. 杨凌: 西北农林科技大学, 2016.

[29] 刘家宏, 王浩, 高学睿, 等. 城市水文学研究综述[J]. 科学通报, 2014, 59(36): 3581-3590.

[30] ZHOU Q. A Review of sustainable urban drainage systems considering the climate change and urbanization impacts[J]. Water, 2014, 6(4): 976-992.

[31] 谢家强, 廖振良, 顾献勇. 基于 MIKE URBAN 的中心城区内涝预测与评估——以上海市霍山—惠民系统为例[J]. 能源环境保护, 2016, 30(5): 44-49, 37.

[32] 韩君良. 基于 MIKE URBAN 的小城市排水内涝规划[D]. 杭州: 浙江工业大学, 2015.

[33] XING W, LI P, CAO S B, et al. Layout effects and optimization of runoff storage and filtration facilities based on SWMM simulation in a demonstration area[J]. Water Science and Engineering, 2016, 9(2): 115-124.

[34] 杜倩, 苗伟波. 基于 MIKE BASIN 的复杂水库群联合调度模型研究[J]. 人民长江, 2016, 47(4): 88-92.

[35] 田开迪, 沈冰, 贾宪. MIKE SHE 模型在灞河径流模拟中的应用研究[J]. 水资源与水工程学报, 2016, 27(1): 91-95.

[36] 朱玮. XP-SWMM 在城市雨洪模拟及内涝防治中的应用研究[D]. 武汉: 华中科技大学, 2015.

[37] RUBINATO M, SHUCKSMITH J, SAUL A J, et al. Comparison between Info Works hydraulic results and a physical model of an urban drainage system[J]. Water Science & Technology, 2013, 68(2): 372-379.

[38] AWANG ALI A N, ARIFFIN J. Model reliability assessment: A hydrodynamic modeling approach for flood simulation in damansara catchment using Info Works RS[J]. Advanced Materials Research, 2011, 1270(250-253): 3769-3775.

[39] 陈鸣, 吴永祥, 陆卫鲜, 等. Info Works RS、Flood Works 软件及应用[J]. 水利水运工程学报, 2008(4): 19-24.

[40] 黄国如, 王欣, 黄维. 基于 Info Works ICM 模型的城市暴雨内涝模拟[J]. 水电能源科学, 2017, 35(2): 66-70, 60.

[41] 黄维. 城市排水管网水力模拟及内涝风险评估[D]. 广州: 华南理工大学, 2016.

[42] 顾建英, 唐迎洲. 基于 Info Works ICM 的城市除涝排水数值模拟研究[J]. 上海水务, 2016, 32(2): 11-13.

[43] 李建勇. Info Works ICM 在城市排水系统分析中的应用[J]. 中国给水排水, 2014, 30(8): 21-24.

[44] 王学超, 梁士奎, 叶飞. Info Works RS 在河流系统模拟中的应用[J]. 华北水利水电学院学报, 2013, 34(2): 8-10.

[45] GENT R, CRABTREE B, ASHLEY R. A review of model development based on sewer sediments research in the UK[J]. Water Science & Technology, 1996, 33(9): 1-7.

[46] 姚宇. 基于 GeoDatabase 的城市排水管网建模的应用研究[D]. 上海: 同济大学, 2007.

[47] OTHMAN F, MUHAMMAD AMIN N F, MI FUNG L, et al. Utilizing GIS and Info Works RS in modelling the flooding events for a tropical river basin[J]. Applied Mechanics and Materials, 2013, 353-356: 2281-2285.

[48] PAPPENBERGER F, GHELLI A, BUIZZA R. The skill of probabilistic precipitation forecasts under observational uncertainties within the generalized likelihood uncertainty estimation framework for hydrological applications[J]. Journal of Hydrometeorology, 2009, 10(3): 807-819.

[49] LI M, CHEN Z, YIN D, et al. Morphodynamic characteristics of the dextral diversion of the Yangtze River mouth, China: Tidal and the Coriolis force controls[J]. Earth Surface Processes and Landforms, 2011, 36(5): 641-650.

[50] LEPEINTRE F, GEST B, HERVOUET J M, et al. MITHRIDATE: A finite element code to solve 3D free surface flow problems[J]. Springer Netherlands, 1992, 1: 489-506.

# 第3章 海绵数据采集及处理方法

海绵数据指海绵城市建设区的水文气象、下渗率、土地利用等基础资料，是开展海绵城市建设效果评价及分析数值模拟关键参数的重要原始参考数据。规范且全面的海绵数据对合理开展基于低影响开发理念的海绵城市建设的规划、设计和效果评价工作有十分重要的意义。本章重点阐述水文气象资料、地形资料、土地利用资料、LID 设施基础数据采集及处理方法。

## 3.1 水文气象资料采集及处理方法

### 3.1.1 设计降雨数据采集及处理方法

短历时、强降雨是城市内涝的直接原因之一，暴雨强度公式可反映降雨规律，对于指导城市排水防涝工程建设意义重大。研究发现，降雨强度（简称雨强）、历时和雨型（雨强分布）对海绵城市建设效果均有影响，如 LID 方案对峰现时间不同的相同降雨量降雨的径流控制能力不同。因短历时暴雨地域变异性较强，已有设计降雨不适应与城市化发展相应的雨水排水系统的设计需要，可靠性不足。另外，常规排水设计规范推荐的单峰芝加哥雨型与海绵城市建设地区的雨型契合度不高。为更合理有效地进行城市排水系统和海绵城市的规划设计与效果评估，科学、合理、精确地进行海绵城市建设区的设计降雨分析是十分必要，也是非常迫切的。

1. 降雨资料选样方法

目前，我国在暴雨资料的选样方面主要采用年多个样法、年最大值法和超定量法三种方法。年多个样法选取每年最大的 $x$ 次暴雨的时段雨量值，根据 $n$ 年资料，可得出容量为 $nx$ 项的样本容量系列。年最大值法选取每年一个时段的雨量最大值，根据 $n$ 年资料则可选出容量为 $n$ 项的年极值样本容量系列。超定量法基于每年出现大暴雨的次数各不相同，依据当地暴雨特性，选定一个下限值，每年超过此下限值的次暴雨都选取出来[1]。室外排水设计规范作详细规定如下：在编制暴雨公式时，须有 10 年以上自动雨量记录资料，按照降雨历时每年选取 6~8 个最大值，不分年次地将每个历时样本按大小依序排列，进而选择年数最大值的 3~4 倍作为统计分析的基础支持资料。

年最大值法在每年的各历时暴雨资料中选出最大一组雨量（在 $n$ 年资料中选出组最大值）。不论大雨年还是小雨年，每年都会有一组资料被选出，这就是水文中常用的一年一次的年频率。年最大值法具有选样简单和独立性强的特点，很适合推算高重现期的雨强的研究。

年多个样法在每年各历时暴雨资料的每个暴雨历时中，选出 6~8 个最大值，不分年次地将每个历时样本按大小依序排列，进而选择资料年数 $n$ 倍的最大值作为统计分析的基础支持资料。年多个样法是每年都要按规定个数选取样本，有些年份选出的样本多为小雨量，而取不到较大雨量。该方法需要较多基础资料，统计工作量非常大。在小重现期条件下，部分比较真实可靠地反映出暴雨统计特征，即可获得重现期小于 1 年的暴雨。

一般来说，年最大值法所需至少 20 年降雨量资料，而年多个样法则需要至少 10 年降雨量资料，资料时间序列越长越好。水文计算中的相关规范规定，在相关资料满足 30 年以上的时候，可采用年最大值法。但统计资料年限序列也不宜过长，一般取 40 年左右资料为佳。统计资料的年限序列过短，其代表性较差；统计资料的年限序列过长，则因降雨数据的陈旧，不能真实反映出城市化进程，无法满足现代城市排水设计的要求。综上所述，在统计资料的年数小于 30 年，或者计算小于 1 年重现期的条件下，建议采用年多个值法进行分析研究；否则，建议采用年最大值法。

此外，在收集海绵城市建设区域的气象资料时，建议参考以下规范进行：

（1）《室外排水设计标准》（GB 50014—2021）；

（2）《地面气象观测规范 总则》（GB/T 35221—2017）；

（3）《气象观测资料质量控制 地面》（QX/T 118—2020）；

（4）《数值修约规则与极限数值的表示和判定》（GB/T 8170—2008）；

（5）《水利水电工程设计洪水计算规范》（SL 44—2006）；

（6）《城市排水工程规划规范》（GB 50318—2017）；

（7）《建筑给水排水设计标准》（GB 50015—2019）；

（8）《公路排水设计规范》（JTG/T D33—2012）。

## 2. 降雨场次划分

在自然条件下，一场暴雨有可能是连续不断、持续降雨的过程，也有可能是断断续续、间断性的降雨过程。因此，研究的首要工作就是降雨事件的确定，采用如下方法：依据规定的最小降雨的时间间隔，定义该场降雨时间间隔内无降雨或者降雨量小于某一个给定值，则划分该时间间隔前后分别为两场降雨，进而可以将一连续的降雨资料定义为若干独立场次降雨[2]。

实际工程和研究的应用是最小降雨时间间隔确定的基础，通常将 5min、

10min、15min、30min、60min、120min、180min、360min 和 720min 作为降雨事件时间间隔进行降雨场次的划分，对每一次降雨事件分别进行计算，以求出降雨特性参数平均值、变差系数和标准偏差，研究最小降雨时间间隔与降雨统计特性参数值之间的相互关系。若最小降雨时间间隔的取值小于 60min，则降雨特性参数的取值对降雨场次划分过程的依赖性较大，没有实用性；若最小降雨时间间隔取值在 60~360min，变差系数取值均在 1.0~1.5，并且随着最小降雨时间间隔的增大，变差系数取值收敛，实际应用性较强。因此，建议采用降雨时间间隔为 120min，以划分降雨过程（取最小降雨时间间隔为 120min，若时间间隔大于或等于 120min，同时降雨量小于 0.1mm，则将该连续降雨过程划分为两场）。

### 3. 暴雨雨型历时的选取

降雨历时是影响雨型推求方法选择的关键参数之一，因此确定设计降雨历时的长短是关键。

针对城市管道排水系统，通常采用暴雨公式来推算设计雨强。设计历时为汇水面积的汇流时间，即汇水区域内最远点的水质点流至设计断面所需的时间，其时间等于该水质点流动路径上的地面汇流时间加上管道汇流时间总和，管道暴雨的设计历时等于汇流时间。设计中一般采用汇水面积的最远点雨水流至设计断面的总的集水时间，定为设计降雨历时。由于城市中心区域小、汇流快，则应侧重于峰值流量的推算，一般小于 120min。鉴于当前城市发展较快，故最长可取到 180min 作为设计降雨历时[2]。

针对城市排涝河道系统，对于平原地区的河网，河道汇流时间与河网调蓄库容、河道的长度、河道泵站排水能力、水闸和泵站的调度方式、汇水区域产流总量及其产流过程都有较为紧密的关系。对于城市，汇流时间通常不会大于 24h[2]。

综上，在海绵城市暴雨雨型历时的设计中，管理者应根据设计对象的不同选择合适的降雨历时。

### 4. 暴雨雨型分析方法

研究设计降雨雨型较为成熟的方法为同频率分析法、Yen & Chow 法、Pilgrim & Cordery 法、Huff 法和芝加哥雨型法（Keifer & Chu 法）等。同频率分析法主要应用在洪水、暴雨的过程放大等方面。目前，我国大部分水利部门采用该方法来计算 24h 的设计降雨雨型。文献[1]~[3]的研究结果表明，各种雨型推算得到的洪峰流量存在较大差异，其中采用 Huff 法和 Yen & Chow 法的洪峰进行模拟时，受到降雨历时的影响较为显著，如果降雨历时选择不当，则会产生较大的误差。Keifer & Chu 法雨型是由暴雨强度公式推得而来，主要的缺点是推算过程较为简略，仅是对暴雨强度公式进行频率再分布。暴雨强度公式的一般历时小于 120min，因此 Keifer & Chu 法雨型不能用于历时大于 120min 的降雨时程分配。Pilgrim & Cordery 法受降雨历时的影响较小且对暴雨雨型的描述较为贴近实际。因此，本小节重点介绍同频率分析法及 Pilgrim & Cordery 法的应用。

1）同频率分析法

同频率分析法，又称"长包短"方法，此方法主要应用于暴雨、洪水的时程分配推算，其特点为在同一重现期的水平下，基于出现次数最多的情况来确定时间序位，并计算其均值，定为各时段雨量比例。以 5min 为最小时段，推算 15min 的降雨分配雨型，步骤如下[4]：

（1）从年系列雨量的数据资料中，分别提取出 5min 和 15min 的最大降雨过程，分析统计其 5min 和 15min 的时段雨量。

（2）按照所统计的时段雨量，进行频率计算分析，求得重现期下 5min 和 15min 的时段雨量。

（3）把 15min 的暴雨过程分为 A1、A2、A3 三部分，统计分析在对应重现期下的最大 15min 暴雨过程中的最大 5min 暴雨出现频率最多的位置。在 6 场 15min 时段中，最大 5min 发生在 A1 段有 4 场、5 场、6 场共 3 场。

（4）A2、A3 两部分，计算多场实测的典型降雨过程的平均值，以其来确定这两者的分配比例（H15～H5）。

（5）代入对应重现期下的 5min 和 15min 降雨，可以得到对应重现期 15min 的雨型分配过程。

2）Pilgrim & Cordery 法

Pilgrim & Cordery 法将雨峰时段定位在出现概率最大的位置，雨峰时段在总雨量中所占的比例定义为各场降雨雨峰在总雨量中所占的比例平均值，其余各时段的具体位置和所占比例采用同样方法原理来定义，方法步骤如下[4]：

（1）选取具有一定历时的大雨样本。将具有降雨量最大特征的多场降雨事件挑选出来，场次越多，越具统计分析的意义。若要推算 180min 的设计降雨雨型，选取降雨历时为（180±15）min（165～195min）的降雨场次[为尽可能多地选取场次，本书对降雨历时为（180±15）min 降雨场次全部选取]。

（2）把降雨历时分成若干时段，时程分布时间的步长决定了时段的长短，通常步长取值越小越好。如果要推算 5min 时段 180min 的设计降雨雨型，则需在步骤（1）中已选取的历时 180min（165～195min）的降雨场次分成 36 个时段。

（3）针对已选的每一场降雨，根据各时段的雨量，按从大到小的顺序来确定各时段的序号，大雨量对应小的序号，对每个对应时段的序号取平均值，取值按从小到大顺序分别定位雨强从大到小的顺序。

（4）以每个时段内各场次降雨量占总降雨量的比例为基础，计算各时段平均占比。

（5）以第（3）步确定的最大可能次序和第（4）步确定的分配比例为前提，安排降雨时段，建立雨量过程线。

**5. 沣西新城暴雨公式推求实例**

根据陕西咸阳气象观测站点 1981～2016 年（1986 年和 2011 年资料缺失）34 年降雨资料，选用年最大值法。查阅文献可得，年最大值法计算降雨历时宜采用 10min、20min、30min、45min、60min、90min、120min、180min、240min、360min、540min、720min、1440min 共 11 个历时，重现期宜按 2 年、5 年、10 年、20 年、30 年、50 年、100 年进行统计计算。

因此，采用降雨时间间隔为 120min，以划分降雨过程，按照"不漏场次、不漏大值"的原则从中分别提取 10min、20min、30min、45min、60min、90min、120min、180min、240min、360min、540min、720min、1440min 共 13 个降雨历时最大降雨量资料，如表 3-1 所示。

**表 3-1　各降雨历时最大降雨量**　　　　　　　　（单位：mm）

| 年份 | 各降雨历时（min）的最大降雨量 | | | | | | | | | | | | |
|---|---|---|---|---|---|---|---|---|---|---|---|---|---|
| | 10 | 20 | 30 | 45 | 60 | 90 | 120 | 180 | 240 | 360 | 540 | 720 | 1440 |
| 1981 | 11.6 | 14.9 | 16.7 | 16.8 | 16.8 | 20.5 | 22.3 | 22.9 | 25.6 | 34.8 | 43.6 | 51.1 | 54.7 |
| 1982 | 13.1 | 19.7 | 25.5 | 30.4 | 31.7 | 33.6 | 35.5 | 36.5 | 36.8 | 37.4 | 37.5 | 39.1 | 44.5 |
| 1983 | 38.1 | 42.3 | 43.0 | 43.1 | 43.2 | 43.2 | 43.9 | 46.6 | 46.7 | 47.1 | 47.1 | 49.1 | 51.7 |
| 1984 | 7.4 | 13.7 | 17.9 | 19.5 | 21.8 | 23.0 | 27.0 | 28.0 | 28.8 | 30.5 | 31.6 | 37.2 | 52.1 |
| 1985 | 11.3 | 17.2 | 19.6 | 19.8 | 20.0 | 20.0 | 20.2 | 20.6 | 20.6 | 20.6 | 20.6 | 20.6 | 30.4 |
| 1987 | 4.3 | 4.6 | 5.0 | 6.9 | 8.5 | 11.2 | 13.6 | 18.7 | 25.8 | 32.9 | 35.2 | 35.9 | 50.3 |
| 1988 | 9.1 | 13.3 | 15.3 | 16.7 | 17.1 | 20.0 | 23.9 | 38.1 | 40.4 | 42.2 | 42.4 | 43.1 | 65.0 |
| 1989 | 8.0 | 14.0 | 18.3 | 18.6 | 18.6 | 18.6 | 18.7 | 18.7 | 19.5 | 24.5 | 28.6 | 32.7 | 50.2 |
| 1990 | 18.1 | 32.4 | 42.8 | 53.8 | 61.0 | 67.0 | 68.7 | 72.3 | 74.9 | 79.0 | 79.6 | 79.6 | 79.6 |
| 1991 | 11.2 | 21.3 | 30.0 | 36.5 | 42.0 | 54.2 | 65.2 | 76.0 | 83.3 | 90.9 | 94.8 | 95.0 | 95.0 |
| 1992 | 3.6 | 5.1 | 6.1 | 7.9 | 8.6 | 9.6 | 10.8 | 13.5 | 16.1 | 21.6 | 22.4 | 23.8 | 37.2 |
| 1993 | 7.7 | 10.2 | 10.4 | 10.4 | 10.4 | 10.4 | 10.4 | 10.4 | 10.4 | 13.0 | 15.9 | 18.3 | 33.6 |
| 1994 | 3.1 | 4.9 | 5.6 | 7.1 | 8.8 | 13.5 | 17.3 | 22.5 | 27.2 | 32.6 | 36.8 | 38.3 | 42.4 |
| 1995 | 3.0 | 4.5 | 5.2 | 6.8 | 7.6 | 9.9 | 10.5 | 11.1 | 13.7 | 16.1 | 20.0 | 21.9 | 22.7 |
| 1996 | 20.0 | 27.4 | 27.5 | 27.5 | 30.5 | 30.9 | 30.9 | 31.0 | 31.0 | 31.0 | 31.1 | 37.4 | 58.6 |
| 1997 | 2.0 | 2.2 | 3.0 | 3.8 | 4.2 | 5.2 | 6.6 | 8.3 | 9.9 | 12.9 | 19.4 | 25.3 | 38.5 |

续表

| 年份 | 各降雨历时（min）的最大降雨量 | | | | | | | | | | | | |
|------|------|------|------|------|------|------|------|------|------|------|------|------|------|
|      | 10 | 20 | 30 | 45 | 60 | 90 | 120 | 180 | 240 | 360 | 540 | 720 | 1440 |
| 1998 | 6.9 | 11.4 | 11.7 | 13.6 | 16.7 | 23.1 | 26.8 | 33.1 | 40.3 | 48.4 | 52.8 | 65.6 | 107.3 |
| 1999 | 6.1 | 9.8 | 12.3 | 14.7 | 15.0 | 15.8 | 15.8 | 17.0 | 19.1 | 25.0 | 33.7 | 38.6 | 56.7 |
| 2000 | 11.8 | 13.4 | 16.0 | 18.6 | 20.0 | 24.6 | 27.6 | 34.4 | 41.2 | 50.4 | 56.2 | 56.2 | 56.2 |
| 2001 | 10.4 | 13.6 | 14.2 | 15.6 | 15.8 | 15.8 | 16.0 | 18.6 | 21.3 | 23.1 | 26.2 | 27.3 | 28.1 |
| 2002 | 4.0 | 7.2 | 10.0 | 13.4 | 16.6 | 21.4 | 26.8 | 38.8 | 46.8 | 60.2 | 66.0 | 75.0 | 75.0 |
| 2003 | 13.4 | 18.2 | 21.0 | 23.2 | 24.4 | 26.2 | 28.2 | 29.2 | 29.2 | 34.4 | 41.0 | 48.4 | 75.2 |
| 2004 | 10.0 | 16.4 | 22.2 | 28.2 | 28.4 | 28.4 | 28.4 | 28.4 | 28.4 | 28.4 | 28.4 | 28.6 | 32.6 |
| 2005 | 7.8 | 10.2 | 16.0 | 19.6 | 22.4 | 24.4 | 26.0 | 26.8 | 28.8 | 36.0 | 39.4 | 39.4 | 41.2 |
| 2006 | 11.6 | 14.8 | 16.2 | 17.8 | 20.0 | 23.6 | 29.2 | 41.0 | 51.0 | 63.6 | 68.2 | 73.0 | 76.4 |
| 2007 | 30.4 | 51.2 | 63.8 | 71.6 | 75.0 | 79.6 | 83.8 | 88.0 | 94.6 | 99.4 | 101.6 | 113.8 | 151.6 |
| 2008 | 9.4 | 16.2 | 19.0 | 20.0 | 20.8 | 22.4 | 23.0 | 23.0 | 23.0 | 23.0 | 29.4 | 32.8 | 33.0 |
| 2009 | 6.6 | 7.6 | 10.6 | 13.4 | 15.2 | 17.2 | 19.0 | 22.2 | 27.4 | 38.4 | 50.0 | 53.4 | 56.0 |
| 2010 | 10.6 | 14.8 | 15.4 | 15.4 | 15.8 | 19.2 | 21.6 | 23.6 | 23.8 | 23.8 | 27.2 | 30.8 | 46.6 |
| 2012 | 6.0 | 9.6 | 11.0 | 12.2 | 13.2 | 13.6 | 15.2 | 20.6 | 21.8 | 25.2 | 36.4 | 39.4 | 53.2 |
| 2013 | 10.4 | 16.4 | 18.4 | 23.0 | 24.8 | 31.2 | 37.2 | 42.4 | 43.8 | 44.0 | 47.4 | 54.0 | 70.4 |
| 2014 | 10.8 | 13.6 | 20.6 | 27.6 | 31.0 | 32.6 | 32.8 | 36.0 | 37.6 | 44.2 | 45.2 | 45.5 | 45.2 |
| 2015 | 11.4 | 14.6 | 17.8 | 20.8 | 21.8 | 22.2 | 23.6 | 27.2 | 30.0 | 30.2 | 30.2 | 30.2 | 30.2 |
| 2016 | 11.2 | 20.4 | 26.2 | 37.6 | 38.2 | 45.4 | 49.2 | 51.8 | 54.6 | 54.8 | 83.7 | 93.5 | 93.5 |

注：1986 年和 2011 年资料缺失。

年最大值法计算降雨重现期宜按 1 年、2 年、5 年、10 年、20 年、50 年、100 年进行统计计算，由于近年来极端暴雨激增，因此增加 200 年重现期。由 Matlab 程序推求沣西新城降雨强度-历时-频率（intensity duration frequency，IDF），表格及曲线分别如表 3-2 和图 3-1 所示。

表 3-2　耿贝尔曲线拟合 IDF 表

| t/min | 各重现期的降雨强度/（mm/h） | | | | | | | |
|-------|--------|--------|--------|--------|--------|--------|--------|--------|
|       | 1 年 | 2 年 | 5 年 | 10 年 | 20 年 | 50 年 | 100 年 | 200 年 |
| 10 | 46.60 | 50.81 | 85.01 | 107.65 | 129.36 | 157.47 | 178.54 | 199.52 |
| 20 | 31.15 | 41.90 | 69.25 | 87.37 | 104.74 | 127.23 | 144.08 | 160.87 |
| 30 | 23.97 | 33.31 | 54.88 | 69.16 | 82.86 | 100.59 | 113.87 | 127.11 |
| 45 | 18.12 | 25.64 | 42.12 | 53.04 | 63.51 | 77.06 | 87.21 | 97.33 |
| 60 | 14.73 | 20.68 | 33.81 | 42.50 | 50.84 | 61.64 | 69.72 | 77.78 |

续表

| $t$/min | 各重现期的降雨强度/（mm/h） | | | | | | | |
|---|---|---|---|---|---|---|---|---|
| | 1 年 | 2 年 | 5 年 | 10 年 | 20 年 | 50 年 | 100 年 | 200 年 |
| 90 | 10.90 | 15.45 | 24.90 | 31.15 | 37.15 | 44.92 | 50.74 | 56.53 |
| 120 | 8.75 | 12.66 | 20.18 | 25.16 | 29.93 | 36.11 | 40.75 | 45.36 |
| 180 | 6.39 | 9.57 | 14.93 | 18.49 | 21.90 | 26.31 | 29.62 | 32.91 |
| 240 | 5.09 | 7.83 | 12.12 | 14.96 | 17.69 | 21.21 | 23.86 | 26.49 |
| 360 | 3.69 | 5.91 | 8.93 | 10.93 | 12.86 | 15.34 | 17.21 | 19.06 |
| 540 | 2.67 | 4.41 | 6.52 | 7.92 | 9.26 | 10.99 | 12.29 | 13.59 |
| 720 | 2.12 | 3.59 | 5.29 | 6.41 | 7.49 | 8.88 | 9.93 | 10.97 |
| 1440 | 1.21 | 2.19 | 3.16 | 3.81 | 4.42 | 5.22 | 5.82 | 6.42 |

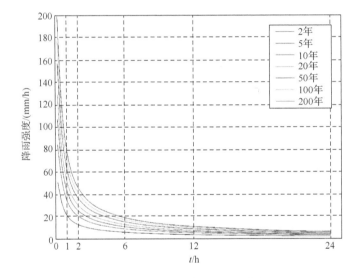

图 3-1　耿贝尔曲线拟合 IDF 曲线

依据《室外排水设计标准》（GB 50014—2021），暴雨强度公式的形式为

$$q = \frac{167 A_1 \times (1 + C \lg P)}{(t + b)^n} \qquad (3\text{-}1)$$

式中，$q$ 为暴雨强度，L/（s·hm²）；$P$ 为重现期，年，现取值范围为 2～200 年；$t$ 为降雨历时，min；$A_1$、$b$、$C$、$n$ 为与地方暴雨特性有关且需求解的参数。其中 $A_1$ 为雨力参数，即重现期为 1 年时的 1min 设计降雨量，mm；$C$ 为雨力变动参数；$b$ 为降雨历时修正参数，即对暴雨强度公式两边求对数后能使曲线化成直线所加的一个时间参数，min；$n$ 为暴雨衰减指数，与重现期有关。将式（3-1）等号两边取对数，得

$$\ln q = \ln(167 A_1) \ln(1 + C \lg P) - n \ln(t + b) \tag{3-2}$$

令 $y = \ln q$ ， $b_0 = \ln(167 A_1)$ ， $x_1 = \ln(1 + C \lg P)$ ， $b_1 = -n$ ， $x_2 = \ln(t + b)$ ，得 $y = b_0 + x_1 + b_2 x_2$ 。已知 $q$ 、$P$ 、$t$ ，应用数值逼近法和最小二乘法求解得 $b_0$ 和 $b_2$ ，即可得西咸新区沣西新城暴雨强度公式为

$$q = \frac{1239.91 \times (1 + 1.971 \times \lg P)}{(t + 7.4246)^{0.8124}} \tag{3-3}$$

相关系数 $r$=0.999 。

年最大值法取样时计算重现期在 0.25～10 年，算得的暴雨强度理论值和实测值的平均绝对均方差不宜大于 0.05mm/min。降雨重现期较大时，平均相对方差不宜大于 5%。经计算得平均绝对均方差为 0.039mm/min，平均相对方差为 4.708%，满足要求。

### 6. 沣西新城短历时设计降雨雨型分析实例

1）60min 设计降雨雨型分析

根据咸阳气象观测站 2000～2017 年（2011 年资料缺失）17 年逐 5min 降雨资料，选用年多个样法，选取 17 年所有降雨历时为 40～80min 的降雨资料，不分年次地将每个历时样本按大小次序排列，舍弃降雨总量小于 1mm 降雨，最终选用 38 场降雨作为统计分析的基础支持资料。

对已选择的 38 场实际降雨过程逐个进行统计分析，单峰雨的场次数有 37 场，占总数的 98%，其中前锋降雨 16 场，中峰降雨 16 场，后峰降雨 5 场；均匀降雨场次 1 场，占总数的 2%。采用 Pligrim & Cordery 法推算 60min 短历时雨型，得到西咸新区沣西新城 60min 典型设计降雨雨型，如表 3-3 和图 3-2 所示。

表 3-3 历时 60min 的设计降雨雨型统计分析表

| $t$/min | 占比/% | 级序 |
|---|---|---|
| 5 | 0.80 | 11 |
| 10 | 2.67 | 9 |
| 15 | 6.29 | 6 |
| 20 | 7.71 | 5 |
| 25 | 12.18 | 3 |
| 30 | 29.33 | 1 |
| 35 | 19.45 | 2 |
| 40 | 9.83 | 4 |
| 45 | 3.98 | 8 |
| 50 | 5.31 | 7 |
| 55 | 1.94 | 10 |
| 60 | 0.52 | 12 |

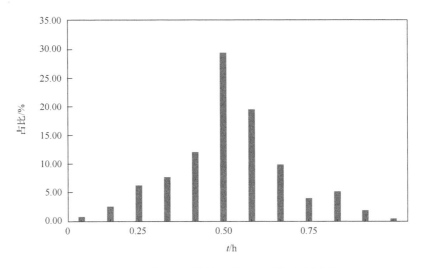

图 3-2　历时 60min 的设计降雨雨型统计分析图

只要给定对应重现期下的 60min 降雨量，就可以以表 3-3、图 3-2 的时段分配比例为基础进行时程分配，进而得到 60min 设计降雨过程。

为验证所推求历时 60min 的设计降雨雨型可靠性，根据西咸新区沣西新城降雨监测平台历史降雨资料，选取代表性较强的 2016 年 7 月 22 日场次降雨进行分析验证，其降雨过程如图 3-3 所示。经与图 3-2 对比可看出，西咸新区沣西新城 60min 典型设计降雨雨型与实测降雨过程吻合度较高，可为城市排水系统和海绵城市的规划设计与效果评估工作提供参考价值。

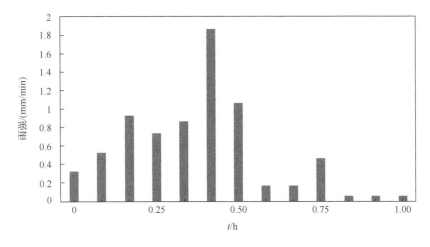

图 3-3　2016 年 7 月 22 日实测场次降雨过程

2）120min 设计降雨雨型分析

根据咸阳气象观测站 2000～2017 年（2011 年资料缺失）17 年逐 5min 降雨资料，选用年多个样法，选取 17 年所有降雨历时为 100～140min 的降雨资料，不分年次地将每个历时样本按大小依序排列，舍弃降雨总量小于 2mm 降雨场次，最终选用 37 场降雨作为统计分析的基础支持资料。

逐个对已选择的 37 场实际降雨过程进行统计分析，单峰降雨的场次数有 29 场，占总数的 80%，其中前锋降雨 20 场，中锋降雨 5 场，后峰降雨 4 场；双峰雨的场次数有 4 场，占总数的 10%；均匀降雨场次 4 场，占总数的 10%。采用 Pligrim & Cordery 法推算 120min 短历时雨型，得到西咸新区沣西新城 120min 典型设计降雨雨型，如表 3-4 和图 3-4 所示。

表 3-4  历时 120min 的设计降雨雨型统计分析表

| $t$/min | 占比/% | 级序 |
|---|---|---|
| 5 | 0.00 | 24 |
| 10 | 3.29 | 9 |
| 15 | 7.71 | 5 |
| 20 | 4.22 | 8 |
| 25 | 6.54 | 6 |
| 30 | 16.20 | 2 |
| 35 | 25.92 | 1 |
| 40 | 12.21 | 3 |
| 45 | 9.30 | 4 |
| 50 | 5.58 | 7 |
| 55 | 1.36 | 12 |
| 60 | 1.89 | 11 |
| 65 | 0.42 | 15 |
| 70 | 0.56 | 14 |
| 75 | 0.26 | 17 |
| 80 | 2.51 | 10 |
| 85 | 0.88 | 13 |
| 90 | 0.24 | 18 |
| 95 | 0.31 | 16 |
| 100 | 0.23 | 19 |
| 105 | 0.07 | 22 |
| 110 | 0.20 | 20 |
| 115 | 0.10 | 21 |
| 120 | 0.00 | 23 |

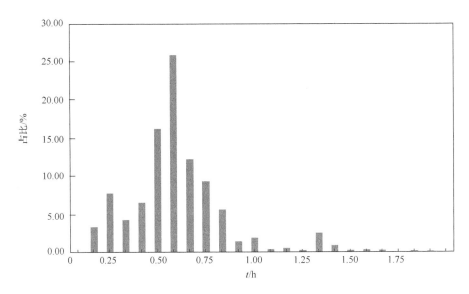

图 3-4　历时 120min 的设计降雨雨型统计分析图

只要给定对应重现期下的 120min 降雨量，就可以以表 3-4 和图 3-4 的各时段分配比例为基础进行时程分配，进而得到 120min 设计降雨过程。

为验证所推求历时 120min 的设计降雨雨型可靠性，根据西咸新区沣西新城降雨监测平台历史降雨资料，选取代表性较强的 2017 年 4 月 25 日场次降雨进行分析验证，其降雨过程如图 3-5 所示。经与图 3-3 对比可看出，西咸新区沣西新城 120min 典型设计降雨雨型与实测降雨过程吻合度较高，可为城市排水系统与海绵城市的规划设计与效果评估工作提供参考价值。

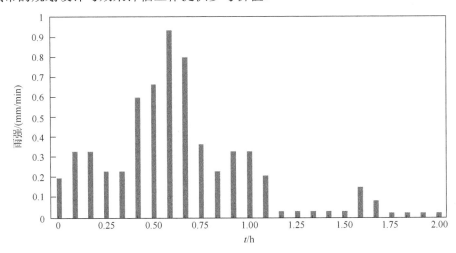

图 3-5　2017 年 4 月 25 日实测场次降雨过程

3）180min 设计降雨雨型分析

根据咸阳气象观测站 2000~2017 年（2011 年资料缺失）17 年逐 5min 降雨资料，选用年多个样法，选取 17 年所有降雨历时为 160min 至 200min 的降雨资料，不分年次地将每个历时样本按大小次序排列，舍弃降雨总量小于 3mm 降雨场次，最终选用 40 场降雨作为统计分析的基础支持资料。

逐个对已选择的 40 场实际降雨过程进行统计分析，单峰雨的场次数有 21 场，占总数的 53%；双峰雨的场次数有 16 场，占总数的 40%；三峰雨发生的场次数有 3 场。采用 Pligrim & Cordery 法推算 180min 短历时雨型，得到西咸新区沣西新城 180min 典型设计降雨雨型，如表 3-5、图 3-6 所示。

表 3-5　历时 180min 的设计降雨雨型统计分析表

| $t$/min | 占比/% | 级序 |
|---|---|---|
| 5 | 0.31 | 30 |
| 10 | 0.58 | 27 |
| 15 | 0.42 | 29 |
| 20 | 0.26 | 31 |
| 25 | 0.16 | 32 |
| 30 | 0.63 | 26 |
| 35 | 0.31 | 30 |
| 40 | 1.00 | 22 |
| 45 | 3.41 | 9 |
| 50 | 4.09 | 8 |
| 55 | 1.94 | 15 |
| 60 | 2.26 | 13 |
| 65 | 3.15 | 10 |
| 70 | 5.72 | 6 |
| 75 | 7.35 | 4 |
| 80 | 11.44 | 2 |
| 85 | 16.32 | 1 |
| 90 | 6.40 | 5 |
| 95 | 8.87 | 3 |
| 100 | 4.83 | 7 |
| 105 | 2.10 | 14 |
| 110 | 2.57 | 12 |

续表

| $t$/min | 占比/% | 级序 |
|---|---|---|
| 115 | 1.36 | 19 |
| 120 | 0.89 | 23 |
| 125 | 1.21 | 20 |
| 130 | 2.78 | 11 |
| 135 | 1.47 | 18 |
| 140 | 1.21 | 20 |
| 145 | 1.78 | 16 |
| 150 | 0.79 | 24 |
| 155 | 1.68 | 17 |
| 160 | 0.26 | 31 |
| 165 | 0.73 | 25 |
| 170 | 0.52 | 28 |
| 175 | 0.16 | 32 |
| 180 | 1.05 | 21 |

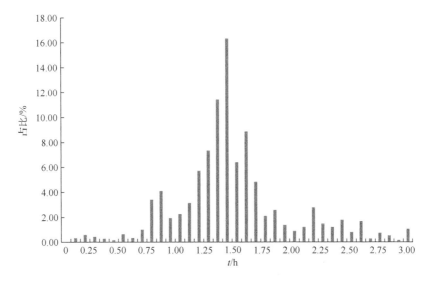

图 3-6　历时 180min 的设计降雨雨型统计分析图

只要给定对应重现期下的 180min 降雨量，就可以以上述图表的各时段分配比例为基础进行时程分配，进而得到 180min 设计降雨过程线。为验证所推求历时 180min 的设计降雨雨型可靠性，根据西咸新区沣西新城降雨监测平台历史降雨资料，选取代表性较强的 2017 年 8 月 7 日场次降雨进行分析验证，其降雨过程如图 3-7 所示。经与图 3-6 对比可看出，西咸新区沣西新城 180min 典型设计降雨雨型与实测降雨过程吻合度较高，可为城市排水系统与海绵城市的规划设计与效果评价工作提供参考价值。

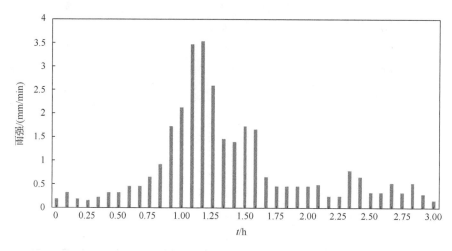

图 3-7　2017 年 8 月 7 日实测场次降雨过程

4）1440min 设计降雨时程分配雨型分析

基于咸阳气象观测站的 2000～2017 年（2011 年资料缺失）17 年逐 5min 降雨资料，以 120min 时间间隔划分独立降雨场次，并从中选取具有代表性的场次暴雨共 18 场。

依据每场降雨的历时长短，选出每场降雨所包含的不同短历时的最大雨量过程。例如，2007 年 8 月 8 日（21:55～次日 15:50）的一场降雨，其雨量为 151.6mm，降雨历时 1070min。选出其所包含得最大 720min、360min、240min、180min、150min、120min、90min、60min、45min、30min、15min 和 5min 的降雨过程。

最大 5min：17.0mm；

最大 15min：12.0mm，13.4mm，17.0mm；

最大 30min：12.0mm，13.4mm，17.0mm，8.8mm，5.6mm，2.8mm；

······

最大 720min：······。

5）1440min 设计降雨时程分配雨型分析

以出现次数最多的情况（即众值）确定时间序位为设计雨型的选用原则，以平均情况（即均值）来定义各时段雨量的比例。具体研究步骤如下[4]：

（1）降雨主峰的确定。依据分析统计出的多场 1440 min 降雨，基于"众值定位"的方法，确定最大 720min 雨量（H720）在序列后部发生，峰值时间为第 204 时段（即第 1020min）。

（2）根据主峰对齐叠加，对于选出的多场 720min 典型降雨样本，计算求出平均值，得到 H1440～H720 雨型的分配比例。1440min 降雨的构成形式为双峰雨，前峰为第 52 时段（即第 260min）。

（3）同理，按步骤（1）和（2），以"出现次数最多的情况即众值来定义时间序位，以平均情况即均值来定义各时段雨量的比例"的原则，在最大 720min 降雨过程（H720）中，选出所包含的最大 360min 降雨过程（H360），根据主峰对齐，确定最大 360min 的起始降雨时段，可以得到 H720～H360 的分配比例。

（4）分别求出 360min、240min、180min、150min、120min、90min、60min、45min、30min、15min 和 5min 对应的 H360～H240、H240～H180、H180～H150、H150～H120、H120～H90、H90～H60、H60～H45、H45～H30、H30～H15 和 H15～H5 的分配比例。

（5）其中最大 5min 的雨量占比为 100%。

综上，可以得到最终 1440min 设计降雨雨型的分配结果。通过不同重现期下的各历时设计雨量，对应雨型分配表，分析可以得 5min 时段各重现期下的暴雨时程分配。

1440min 历时设计降雨雨型，峰型为双峰雨，主峰为第一个峰。第一个峰峰值时间在第 113 时段（第 565min），第二个峰在第 163 时段（第 815min）。50 年重现期下 1440min 降雨分配示意图见图 3-8，单位时段为 5min。使用方法：

（1）按前文推得暴雨强度公式（3-3）求出各特短历时某一设计频率设计雨量（H1440、H720、H360、H240、H180、H150、H120、H90、H6、H45、H30、H15、H5）。

（2）将 5min 的设计雨量 H5 放置于第 113 时段（峰）。

（3）将 15min 的设计雨量 H15 减去 5min 的设计雨量 H5，所得雨量乘以 2H15～H5 列中分配比，放置在对应的第 112、114 时段。

按上步骤的方法，以不同历时设计雨量乘以对应列的分配比（H1440～H720、H720～H360、H360～H240、H240～H180、H180～H150、H150～H120、H120～H90、H90～H60、H60～H45、H45～H30、H30～H15），放置到对应的时段，即可到 1440min（288 个时段）的设计降雨过程。

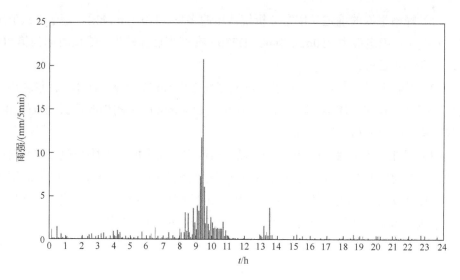

图 3-8　50 年重现期下 1440min 降雨分配示意图

### 3.1.2　典型下垫面透水规律测量及分析

1. 下垫面土壤下渗率测量及分析方法

一个地区的土壤下渗率与该地区城市内涝有很大的关系，随着海绵城市的提出，更有必要对城市下垫面进行普查，及时、准确地了解城市土壤的下渗情况，并依据城市的水量承载能力做出应对措施，可有效解决城市内涝灾害问题。降雨渗入土壤时的最大下渗率，称为下渗容量，影响下渗率的因素有土壤特性、土壤中的物质、降雨特性、植被种类和种植方式、坡度大小等。土壤渗透性能可分为三类：强渗透性土壤的渗透系数为 $1.0 \times 10^{-5} \sim 5.0 \times 10^{-5}$ m/s；渗透性能适中的土壤渗透系数为 $5.0 \times 10^{-6} \sim 1.0 \times 10^{-5}$ m/s；渗透性能差的土壤渗透系数为 $1.0 \times 10^{-6} \sim 5.0 \times 10^{-6}$ m/s。

双环实验法是野外测定包气带非饱和松散岩层渗透系数的常用简易方法，实验结果较接近真实情况，实验仪器准备见图 3-9，实验步骤见图 3-10～图 3-12。野外双环测试装置可在自然条件下进行土壤的一维下渗实验，内环为下渗环，外环为保护环，在下渗实验中防止内环中水分侧向渗漏，保证内环的下渗为一维下渗。实验装置主要由马氏瓶和圆形同心双环构成[5]，马氏瓶为下渗内环提供稳定的积水下渗水头，双环测试装置由双环及水位测针组成，其他设备有秒表、量杯和水桶。实际测量中，外环防止内环下渗时可能发生侧向渗漏，外环由土埂代替。但是，现有测量土壤下渗率设备的可操作性差，且人工读数的误差较大，很难准确、高效地测量土壤下渗率。本小节提出了一种基于单环水位自动控制的下渗测量装置，该装置是一种蓄水型渗透仪，由两个同心圆柱或方柱形框架构成，内圈用以测定定水头下的下渗，外圈作为缓冲带以防止下渗水的水平扩散。该装置是在单环法基础上，增加一个内环，形成同心环。实验时在内环及内外环之间的环形空间分别加水，使其内环与外环渗漏筒内水位不变，水位都保持在 10cm，并分别记录渗水量及水温，以备换算特定水温（如 10℃或 20℃）。内外环之间渗入的水，主要是侧向散流及毛细管吸收；内环下渗的水则是土层在垂直方向的实际渗透。用内环水的下渗量作为计算渗透系数的流量。该装置对水流的下渗状态进行测量，当单环内水位上升至距浮球阀液位控制器下边缘 1.5cm 处时，自动关闭内部的进水阀门，使单环内水位不再上升；当水位低于浮球阀液位控制器下边缘 1.5cm 时，浮球阀液位控制器会自动打开内部进水阀门，从而达到理想的恒定水头及稳定的下渗状态，解决了单环内水位高度随着下渗变化时，人工调节供水阀门导致单环内水位波动过大的问题。另外，该下渗测量装置中的蓄水瓶侧面设置了刻度线，可进行人工读数并记录数据，避免了电子设备失灵而耽误测量任务的问题。经实验验证，该装置操作灵便，结构简单，具备较强的通用性，即在林地、草地、裸地均可测量土壤下渗率，具备较强的实用性，目前已申请我国实用新型专利。

（a）马氏瓶　　　　　　　　　　　　　　（b）圆形同心双环

图 3-9　实验仪器准备

土壤下渗率测量步骤如下：

根据实验数据绘出下渗率-历时曲线，当曲线均维持在稳定变化范围，再顺延些许时段即可。

图 3-10　确定实验点

图 3-11　放入双环

图 3-12　实验观测

　　西安理工大学配合沣西新城管委会，采用下渗测量装置对沣西新城海绵试点区域的生态滞留带进行了土壤下渗监测，分析实测数据并获取了下渗曲线。实测下渗曲线见图 3-13。经计算，典型生态滞留带土壤稳定下渗率见表 3-6。

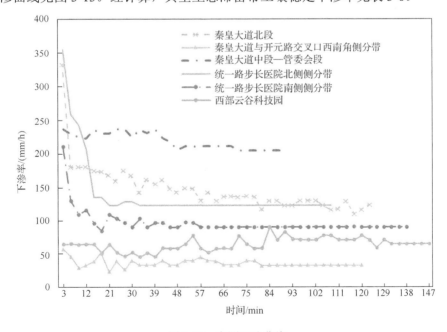

图 3-13　实测下渗曲线

表 3-6　典型生态滞留带土壤稳定下渗率取值

| 测点 | 秦皇大道北段 | 秦皇大道与开元路交叉口西南角侧分带 | 秦皇大道中段一管委会段 | 统一路步长医院北侧侧分带 | 统一路步长医院南侧侧分带 | 西部云谷科技园 |
|---|---|---|---|---|---|---|
| 稳定下渗率/（mm/h）（20℃） | 120.48 | 31.83 | 206.48 | 121.00 | 89.16 | 66.35 |

### 2. 透水铺装下渗率测量及分析方法

随着海绵城市建设、综合雨水资源管理等城市建设新理念的不断涌现，低影响开发技术作为当下我国海绵城市建设中用于收集城市雨水，实现雨水多重利用的重要技术手段已得到广泛应用。透水砖是一种典型的低影响开发措施工程材料，用于透水路面的铺设，在缓解城市内涝灾害方面发挥着重要作用。透水铺装作为一种典型的低影响开发措施，对海绵城市建设中收集城市雨水，实现雨水多重利用发挥着重要作用，对透水砖的下渗率进行测量有重要意义。目前还缺少能广泛应用于透水砖下渗率测量的实验装置，为此提出一种透水铺装下渗率的测量装置[6]，如图 3-14 所示。

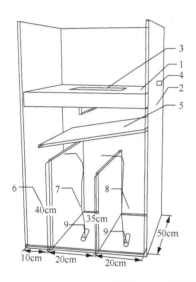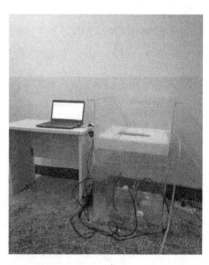

图 3-14　透水铺装下渗率测量装置

1-固定装置；2-支撑板；3-透水砖试件；4-出流口；5-引流板；6-稳流槽；7-蓄水槽Ⅰ；
8-蓄水槽Ⅱ；9-压力传感器

图 3-14 中，透水砖试件 3 为标准的长方体，固定装置 1 和透水砖试件 3 都置于支撑板 2 上，透水砖试件 3 置于固定装置 1 中，在右侧玻璃板壁面距固定装置表面 2cm 处开有出流口，支撑板 1 下方设有引流板 5，引流末端下方设有稳流

槽 6，稳流槽 6 右侧设有蓄水槽 7 和蓄水槽 8，压力传感器 9 分别置于蓄水槽 7 和蓄水槽 8 中。透水砖试件置于固定装置中，通过防水黏合材料填充缝隙达到防水效果。通过引流板和稳流槽可以使下渗水流沿着壁面流到蓄水槽中，减小压力传感器的测量误差；传感器的使用在于可以自动精确地测量透水铺装试件的下渗率；通过侧向出水孔控制水位恒定；通过防水黏性材料（如玻璃胶）填充透水砖试件与固定装置的缝隙，同时达到防水和保证只有竖直下渗；通过设置两个 20cm×50cm 的蓄水槽，可以保证标准透水砖试件下渗率达到稳定下渗率。

新型下渗率测量装置的特点：可以保证透水砖只发生垂直下渗，不发生侧向渗透；通过压力传感器自动测量压力，后期对数据进行处理，精度为 0.01%；时间步长根据数据需要，最小可以设置为 1s；稳流槽可以减小水面震荡，使数据更精确；通过侧向的出水孔控制常水头为 2cm；通过更换透水砖的固定装置可以达到测量不同型号透水砖下渗率的目的。

透水率测定方法如下：首先，将裁剪出透水砖试件 3 大小的固定装置 1 置于支撑板 2 上，再将透水砖试件 3 置于固定装置中，并进行防渗处理，只允许水通过透水砖下渗；其次，用玻璃胶填满固定装置 1 与玻璃板四周以及透水砖试件 3 与泡沫板四周的缝隙；再次，通过水管将稳流槽 6 注满水，直至稳流槽 6 中的水可以自由沿着壁面流到蓄水槽 7 中，再向蓄水槽 7 和蓄水槽 8 注水，将传感器完全淹没；最后，将传感器与电脑相连进行调试，调试完成后，通过水管向透水砖试件 3 上注入清水（保持常水头），开始采集数据。

测量总时长以透水砖试件达到稳定下渗率为标准；测量时间步长以水从透水砖表面下渗，流经引流板，再流到蓄水槽中的时间为标准。透水率测定方程如式（3-4）所示：

$$f_p = \frac{\Delta V \times 3600}{\Delta t \times S} \tag{3-4}$$

根据压力传感器的数据推导 $\Delta V$：

$$\Delta h = \frac{\Delta P}{\gamma} \times 10^3 \tag{3-5}$$

$$\Delta V = \Delta h \times 10^5 \tag{3-6}$$

式中，$f_p$ 为 $t$ 时刻的透水率，mm/h；$\Delta V$ 为 $\Delta t$ 时间内透水砖下渗的水量，mm³；$\Delta t$ 为测定下渗率的时间步长，s；$S$ 为透水砖的有效透水表面积，mm²；$\Delta h$ 为 $\Delta t$ 时间内蓄水槽中水深的变化量，mm；$\Delta P$ 为压力传感器为 $\Delta t$ 内的压力变化，kPa；$\gamma$ 为水的重度，取 9.8kN/m³。

某典型住宅小区透水砖下渗率测定如图 3-15 所示。

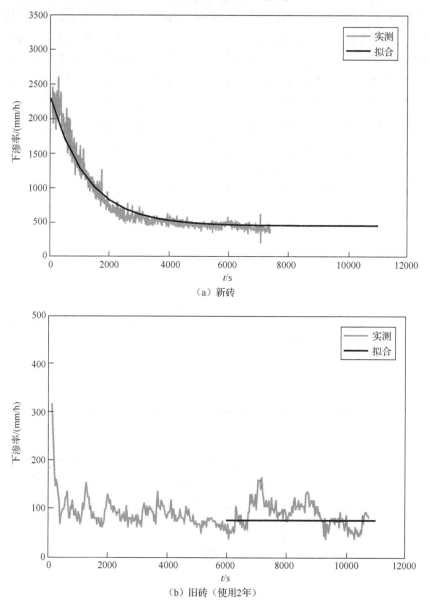

（a）新砖

（b）旧砖（使用2年）

图 3-15　某典型住宅小区透水砖下渗率测定

根据实测数据，新砖稳定下渗率约为 500mm/h，使用 2 年后约为 90mm/h，透水性能衰减率达到 82%。透水砖作为一项常用的海绵设施，对其进行下渗性能衰减规律研究具有重要意义，透水砖下渗率测量装置是必不可少的实验装置。

## 3.2　地形资料采集及处理方法

高精度分辨率地形数据对于准确模拟城市内涝有着重要意义。数字高程模型（DEM）是对地理空间上，具有连续变化特征的地理现象，通过有限的地形高程数据实现对地形曲线的数字化模拟，即模型化表达和过程模拟。机载激光雷达、倾斜摄影与数字正射影像是目前最为先进的三维地形数据高效采集技术。无人机机载激光测量系统主要由空中飞行单元、地面控制单元和测量作业单元三大部分组成，以及配套使用的硬件设备和数据采集及后处理软件等。空中飞行单元就是无人机，一般根据机翼形式可分为固定翼和旋翼两种；地面控制单元由运行控制软件组成；测量作业单元由全球定位系统（GPS）、机载激光雷达和地面实时动态（RTK）基准站组成。

### 3.2.1　机载激光雷达地形采集技术

#### 1．技术简介

机载激光雷达地形采集技术是激光技术与雷达技术相结合，设备由发射机、天线、接收机等部分组成[7]。机载激光雷达测量系统的主要组成部分包括动态差分 GPS 接收机、姿态测量装置、激光测距仪、成像装置，它们的作用在于确定空间点位置、定位激光雷达和地面点间的位置关系，测定主轴参数，记录地面实况。将组装好的激光雷达与无人机相结合就组成了机载激光雷达，旋翼无人机与机载激光雷达实物参考图 3-16 和图 3-17。激光技术、雷达技术，还有各个部件组成部分要保持协调同步，同时也要有精确度的保障。距离的测量主要有以下两个流程：①激光发射，一般是采用触发脉冲的方法，由仪器发射脉冲信号继而反射到地面，发出的是极窄脉冲（约几纳秒），同时，雷达会记录所发射的脉冲信号；②激光探测，通过同一个扫描镜和望远镜收集经地面反射回来的信号。激光雷达扫描流程见图 3-18。

图 3-16　旋翼无人机

图 3-17　机载激光雷达

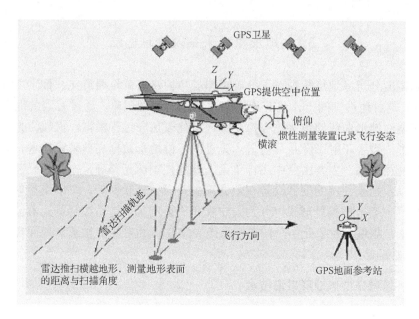

图 3-18　激光雷达扫描流程示意图

　　激光雷达的特点主要为雷达点云数据空间分布不规则。经研究，在三维空间中，与规则格网排列的数字影像像元相比，点云的不规则分布明显不同。激光雷达点云分布不规则的原因体现在半随机式和地表形态方面，一个是主动扫描工作，一个是具有多样性。离散数据的优点是有利于了解细节信息、变化剧烈的地形和地物。一方面，数据分布的不规则性也存在不足，如在多航带数据配准时，同名点难以选取；另一方面，空间分辨率不均匀，若点云数据出现空间分辨率不均匀、范围不同激光密度也不同等问题，原因是激光扫描仪所采用的扫描方式为圆锥扫描。不考虑地形起伏的影响，在圆锥扫描方式中，扫描带两侧数据密度大，中间部分稀疏；线扫描方式的情况类似，在扫描方式中，扫描线方向上的光斑密度大于垂直扫描线上方向的。其他原因包括飞行速度、扫描仪与地形地物的相对位置方向等。数据包含多种数据类型，除最常使用的三维点坐标外，强度信号是另一个有用的信息源，它反映了地表物体光信号的响应。由于一些技术上的阻碍（如缺乏有效的定标手段），还没有多少实际应用。点云数据包含多次回波，不同的回波可能对应不同的地物表面，利用这种特性可以对某些地物进行精确地区分，如地和草地。在点云匹配中，使用末次回波信号也可以避免复杂地物（如植被）邻扫描带上造成不可预测的粗差问题。

　　在激光雷达数据采集后生成的点云数据文件虽然有较高的精度保证，能很好地反映出实际地形中的细节，但是通常还有很多错误点，如远低于地面点的"地点"，空中本不应该存在的"高点"。这些错误点统称为噪点，目前的技术水平还达不到完全没有噪点，需要在软件中通过人工查找的方式来挑选和删除噪点，这样，生成的 DEM 文件才能很好地还原地形，根据相应的作业要求进行后续计算。

随着 GPS 技术的突破，以及对惯性导航系统研究的不断深入，即时定位及定姿过程中的精确度逐渐提升，使得作业更加准确。不靠外部信号、也不向外部辐射能量的系统称为惯性导航系统，它也是自主式导航系统，且在海陆空都可以进行作业。

比较常见的几种现代导航技术，如天文导航、无线电导航、卫星导航、惯性导航等，只有惯性导航是自主的，而且惯性导航系统既不向外部辐射能量，也不接收外部信号，它的隐蔽性是最好的。

惯性导航系统有如下优点：①惯性导航系统本身不依赖外部信号，隐蔽性好，受电磁干扰的影响较小；②可以持续长时间作业，作业空间广；③能获取较为准确的三维定位信息。

目前，已有激光惯性导航系统、挠性惯性导航系统、微固态惯性仪表、光纤惯性导航系统等多种方式。陀螺仪的发展也在不断进步，范围种类越来越广，有光纤陀螺、静电陀螺、微机械陀螺、激光陀螺等。陀螺仪的线性度好，测量范围广而且性能稳定。随着技术不断发展，光纤陀螺和微机械陀螺精度越来越高，同时成本也越来越低，是未来陀螺技术发展的方向。

激光雷达在作业中能获取多个参数，如经纬度、大地高程、相对距离等，利用侦察设备接收雷达辐射信号，经处理确定目标的空间或地理位置。激光雷达点云数据实例见图 3-19。

图 3-19　激光雷达点云数据实例（沣西新城管委会及其附近区域）

### 2. 数据采集及分析方法

以本书作者所使用的基于四旋翼无人机平台的机载激光雷达三维地形扫描仪为例。该套系统集成的高精度三维激光扫描仪垂向最小精度可达 5cm，测距不低于 100m；最大飞行速度为 60km/h，单电池续航时间长达 38min，最大荷载为 12kg。地形采集作业主要包括航线规划、基站架设、飞行作业与数据传输四大部分。在数据后处理部分，将雷达测量到的数据通过定位定姿系统（position and orientation system，POS）解算、点云融合、去除噪点、地表点提取等操作，生成高精度的 DEM 数据。地形采集及数据后处理流程见图 3-20。

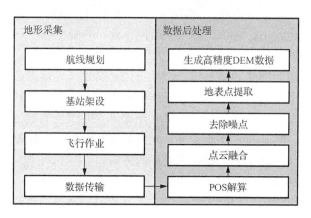

图 3-20　地形采集及数据后处理流程

地形数据采集工作操作流程具体说明如下：

（1）根据数据采集区范围合理规划无人机飞行航线。

（2）架设基站。基站是卫星和设备中定位系统的连接传递装置，较高的定位精度和信息传输的有效性能很好地保证作业的精准度，以及后续数据处理的正确性，在基站架设的过程中必须严格按照操作手册进行操作。第一步，将支架放好，保证支架最高处在架设人的胸口部位左右，尽可能地保持顶部水平并且中心点与地面基点在同一竖直线上；第二步，安装底座，要求观测镜头中心红点与地面基点重合，并且将水准气泡调至中心，二者要同时满足；第三步，在底座上方安装 RTK，基站架设结束。

（3）无人机组装。拆下机翼保护套并将机翼展开，安装无人机电源，并断开电源与无人机的连接线，确保无人机处于断电状态；然后将雷达天线安装到激光雷达指定位置，再将激光雷达安装到无人机上；最后，再次检查，确保各部件连接良好后启动激光雷达；采用笔记本电脑连接激光雷达的无线信号，然后打开 Hiscan 操控软件（一体化移动三维测量系统操控软件），点击新建工程，以时间+

地点的格式命名，点击开始测站；待上述操作完成之后方可连接无人机与电源接线，使无人机处于通电状态；告知无人机飞手可操控无人机进入起飞状态。

（4）飞行作业。无人机起飞后先是进行"8"字校准，待 Hiscan 操控软件上提示校准完成后即可开始测量。飞行时可采用手动操作，也可以根据地形实际情况规划好无人机的航线让其自动飞行。按照飞行区域的大小和飞行时间的不同可能需要进行多次飞行，中间穿插给无人机电池充电并检查之前的作业是否合理、是否保存成功。全部作业结束后拆卸所有设备并清点，然后返回。至此，地形数据采集工作已经完成。

在倾斜摄影和数字正射影像中，为了提高生成地形的准确度和还原度，建议在范围内尽可能均匀地布设合理数量的控制点。这些控制点有较为准确的三维空间信息，且在倾斜摄影和数字正射影像所拍摄的图片中都可找到对应点，后期数据处理中可以根据控制点的信息对无人机采集的数据进行修正，从而降低误差。

采集作业中需要收集的数据：RTK 中的卫星定位信息（.GNS 格式）；用卷尺测量从基站下用作定位的点中心到基站设备侧边蓝线的直线距离，记录时注明测量时间和测量次数；激光雷达中采集到的工程文件、倾斜相机中的照片及对应的 GPS 信息、正射相机中的照片及对应的 GPS 信息。

激光雷达数据处理过程中用到的软件有 HGO-GNSS 数据处理软件、POSPAC 软件、HD DataCombine 软件、HD_3LS_SCENE 软件、MicroStation v8i 软件。激光雷达数据处理软件界面见图 3-21。

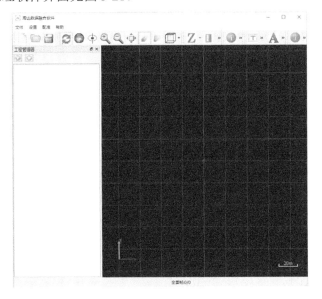

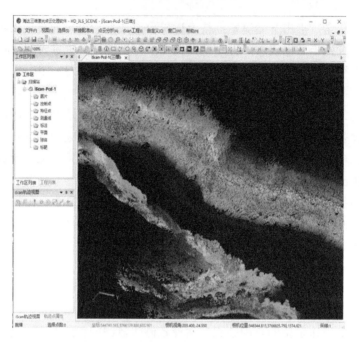

图 3-21　激光雷达数据处理软件界面

激光雷达数据处理软件具体使用方法介绍如下。

HGO-GNSS 数据处理软件是处理外出作业中所架设的基站的定位信息，内包含经纬度、高程等信息。将 RTK 中的基站信息文件（.GNS 格式）通过相关的手机应用程序下载下来，然后再导入电脑中。打开 HGO-GNSS 软件，在顶上菜单栏中的工具选项中选择 RINEX 转换工具，将基站信息文件（.GNS 格式）导入 RINEX 转换工具，设置好输出路径，输入站点名和仪器斜高，用 HGO-GNSS 软件中的经纬度转换工具，将其进行解析并计算得出基站的真高，新建文本文档记录解析后的经纬度坐标和基站真高值，保存得到的格式为".18o"文件。

启动 POSPAC 软件，点击 New Default Project 后按 Ctrl+S 设置后续工程计算保存的名称和路径；在左边 Project Explorer 中右击 Base Station 后点击 Import 导入之前得到的".18o"文件，运行结束后再在 POS 下导入雷达工程目录 POS-iScan-1 中的文件，在弹出的选择框中选择 other，将 manufacture 选为 Antcom，将 type 选为 3G1215A-XT-1，然后点击右下角 Import，得到初步的飞行航线轨迹；之后在 Base Station 下的 Coordinate Manager 和 Set Base Station 中分别输入之前得到的经纬度信息、基站真高值和解算精度与解算模式；然后，点击 Run 后导出结算后的文件。将导出路径 Export 下的 export_Mission 1 文件后缀名改为.pos，将 Extract 目录下的 event2_Mission 1 文件名改为 cam.syn，将这两个文件复制到之前 iScan 同级的 POSPac 目录。

最后，用 HD DataCombine 软件将上一步最后得到的数据进行融合，步骤是先点击新建工程，设置工程名并选择要处理的工程后点确定，然后点击左边窗口上的融合键就完成了点云融合。

由于雷达生成的地形点云文件有很多噪点，需要用到 HD_3LS_SCENE 软件来去除噪点，并将最终得到的文件按照需求转换成不同的格式文件。

### 3.2.2　倾斜摄影地形采集技术

#### 1. 技术简介

19 世纪末 20 世纪初，由于情报对战情影响巨大，而飞机在上空侦查不易被发现，于是就有人用相机拍摄倾斜影像，这样不容易暴露，同时又能获取关键情报。随着科技发展，虽然发展时间较短，但是得到的倾斜影像已经可以进行拼接和整合计算，这是一次大的飞跃。同时，由于不要求使用者从拍摄目标正上方进行拍摄作业，可以搭载多台相机并且从多个角度进行拍摄作业。加上 GPS 定位后，将每个图片对应的经纬度和高程信息相对应，就可以进行三维建模或者其他应用。利用无人机进行倾斜摄影拍摄，能够真实地反映地面建筑的情况。同时，采用先进的定位技术，加上 GPS 定位信息，倾斜摄影的应用范围更加广泛[8-11]。倾斜摄影扫描如图 3-22 所示。

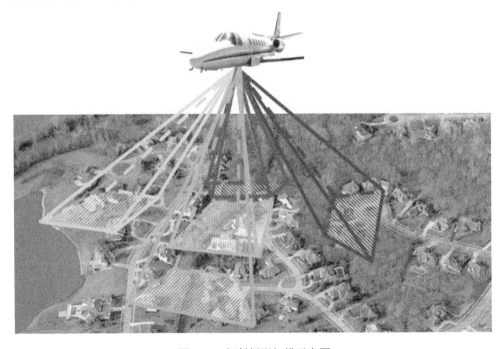

图 3-22　倾斜摄影扫描示意图

数字高程模型（DEM）是国家基础地理信息数字成果的主要组成部分，是在一定范围内通过规则格网点描述地面高程信息的数据集，用于反映区域地貌形态的空间分布特征[9]。实际上，通常地形表面的重建就是 DEM 表面的生成，或者是 DEM 表面的重建。在对 DEM 表面重建结束后，可以从 DEM 表面上得到 DEM 模型当中任一点的高程。有学者对地形模型的描述进行了研究。在这当中，具有代表性的两种：一种是基于规则格网的建模，另一种则是基于不规则三角网的建模。

传统摄影测量重叠度要求在 30%左右，倾斜摄影中，航向的重叠度要求在 60%以上[10]。在测量精度方面，国外研究人员在奥地利伊姆斯特地区选取了 6 个地面控制点，同时借用多镜头相机拍摄了该地区的 780 张影像图。整个拍摄得到的结果精度：$X$ 方向的误差不到 5cm，$Y$ 方向的误差不到 3cm，$Z$ 方向的误差不到 9cm。垂直影像和倾斜影像的空中三角测量的 $X$ 方向误差不到 4cm，$Y$ 方向的误差小于 3cm，$Z$ 方向的误差不到 6cm[11]。20 世纪中后期，已经有很多人对倾斜摄影测量技术进行研究，研究时间比较长的是美国研究人员，他们的倾斜摄影技术有近三十年的发展历史。倾斜摄影一出现，就被快速大范围应用推广。美国的 PICTOMETRY 公司最早研究倾斜摄影技术，将三维建模和航空数码影像相结合，在建筑物的三维建模上的使用比例尺一般为 1∶500 和 1∶200，图像的分辨率方面可以达到厘米级，而在精度方面则能达到分米级。2005 年，欧洲的一家公司和美国的一家公司合作并达成协议，共同在一块面积达 10 万平方公里的区域使用倾斜摄影技术进行测量[12]。

倾斜摄影可以对地面目标有较真实的反映，其三维实体模型如图 3-23 所示。同时，对地面目标可以通过不同的角度来采集信息。单影像测量是倾斜摄影的另外一大特点。经过软件处理后，可直接在已有外业测量得到的图像上对长、宽、高、面积等信息进行测量，应用范围更广。不仅能采集建筑物上方的信息，还对侧面纹理可以做到较大程度的收集，尤其是高建筑。在城市建模中，倾斜摄影的应用越来越广泛，但是所消耗的成本却越来越低，在保证数据精度的前提下，数据较小，传输方便，所占内存很小，且可以实现共享应用。

## 2. 数据采集及分析方法

倾斜摄影前期数据采集作业流程与机载激光雷达地形采集类似，详见 3.2.1 小节。

处理倾斜摄影得到的照片时用到的软件为 ContextCapture Center Master，其界面如图 3-24 所示，具体操作流程如下。启动 ContextCapture Center Master 后，首先新建工程。在影像一栏导入倾斜相机拍摄的照片，同时导入照片对应的经纬度

图 3-23　倾斜摄影三维实体模型

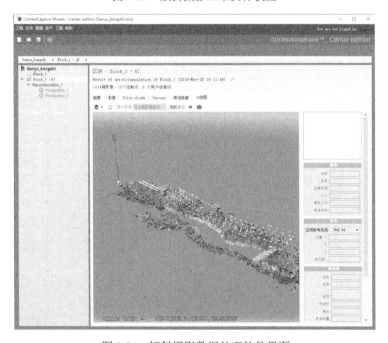

图 3-24　倾斜摄影数据处理软件界面

坐标及大地高程信息。点击提交空中三角形，软件会将照片和对应的地理坐标信息相结合，之后点击提交工程，等待软件计算完毕，就得到了倾斜摄影的 las 格式文件。最后，在 ArcMap 中将 las 文件合成为完整的地形。先在 ArcMap 中新建文件目录，在该目录下新建 LAS Dataset，将生成的 las 文件导入 LAS Dataset，先用 ArcToolbox 中的 LAS Dataset to Raster，再用 Raster to ASCLL 将其转换成所需的.asc 文件。

### 3.2.3　数字正射影像地形采集技术

#### 1. 技术简介

在摄影测量领域，利用定向后的影像及 DEM 进行微分纠正、镶嵌后所得影像被称为数字正射影像（digital orthophoto map，DOM）。利用影像配准融合之后，生成一整幅影像的过程被称为全景图（panorama）。全景图与数字正射影像相比，两者最大区别在于是否对地形起伏引起的投影差进行改正，而本质上均为影像拼接过程[13]。

在地势相对平缓的地区，倾角等原因使无人机航拍照片在最终成图中像点会发生错误位移，用纠正仪的方法，对工程测量中所得到的无人机航拍照片进行纠正，纠正像点的错误位移，可得到还原度较高的地形图。当地形高差较大时，不能用纠正仪的方法，但是当地形高差相对较小的时候，可用分带纠正的方法来减小误差，这个时候就需要正射投影装置。将图像控制范围按照一小块一小块的要求缩小并规定在某一区域内，这就是正射投影原理，见图 3-25。可以操控无人机

图 3-25　数字正射影像原理图

利用缝隙纠正的方法，对所测区域进行逐条纠正[14]。数字正射影像图采用的模型是数字高程模型，生成模型后对扫描图像进行处理，对得到的数字化影像进行像元的一一处理，再结合其他方法生成影像数据。

在光源传播过程中，如果遇到了阻挡，或被物体遮挡，就会产生阴影。阴影在影像的拍摄和应用中，由于研究的种类不同、目的不同，产生的影响也不同。在数字正射影像中，阴影作为一种特殊形式的存在，其本身对于图像也有利有弊。在对于地表物体的边缘处理中，阴影的存在是不利因素；但是阴影在某些时候能很好地反映出地表物体与周边物体和环境的时空关系[13]。

数字正射影像以视觉为主，因此可以归为一种以视觉为主要的产品，当阴影面积较大时，会影响后续计算中软件解析的正确度，所得图像也不美观。但是，阴影的存在若是合理，则可以使得图像本身层次感更强[15]。数字正射影像所包含的信息很丰富，并且很直观，在外业工作中获取速度快、获得地形的三维精度较高，可以为数字城市建设、规划调查和灾害防治等提供基础地理数据。数字正射影像效果——西安理工大学图书馆数字正射影像三维展示见图 3-26。数字正射影像生成的文件还可以在 ArcGIS 软件中根据不同需求进行后续操作[16]。

图 3-26　西安理工大学图书馆数字正射影像三维展示图

2. 数据采集及分析方法

数字正射影像前期数据采集作业流程与机载激光雷达地形采集类似，详见 3.2.1 小节。

　　数字正射影像照片的处理将用到 Pix4D 软件，数据处理软件界面见图 3-27。首先新建项目，将正射相机的照片导入，同时导入 GPS 信息，就可以进行计算得到 las 文件，在 ArcMap 中用倾斜摄影的处理方法生成地形文件。

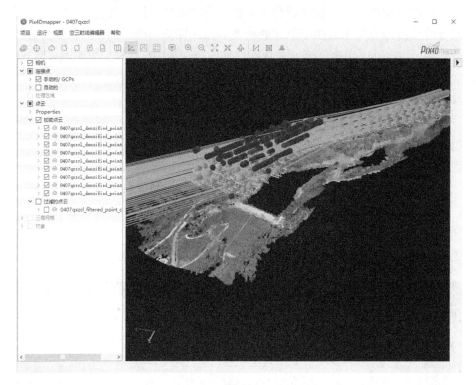

图 3-27　数字正射影像数据处理软件界面

## 3.3　土地利用资料采集及处理方法

　　DOM 信息量丰富、获取方便、更新快，故应用广泛，它可以应用在城市及区域规划、土地利用/土地覆盖制图、地质和土壤制图、测绘、环境评估和地形分析及评估、城市虚拟景观的制作等方面，能及时地为土地决策部门提供所需的信息，并通过卫星遥感数字正射影像图的定期系列与正射卫星遥感影像图对比，了解海绵城市建设区的发展历程。DOM 可以由无人机搭载的倾斜摄影系统进行影像采集获得，也可从政府部门网站提供的高精度卫星影像数据获得。

　　土地利用资料解译，是在数字正射影像上先识别土地利用类型，然后在图上测算各类土地面积。数字正射遥感影像目视解译是解译者通过直接观察或借助一些简单工具（如放大镜等）识别所需地物信息的过程。影像的解译标志又称判读要素，是遥感图像上能直接反映和判别地物信息的影像特征，包括形状、大小、阴影、色调、颜色、纹理、图案、位置和布局。

土地类型划分主要利用研究区域的遥感数据，运用 ENVI、ArcGIS 等遥感图像处理软件，基于对遥感影像的边界裁定、几何校正、辐射校正等数据预处理，运用监督分类中的神经网络方法，再结合现场踏勘及无人机数字正射影像，最终完成目标区域遥感解译与分类。首先，结合 ArcGIS 软件，从数字正射影像图上提取土地利用分布信息或利用 ENVI 遥感解译技术，将在遥感影像上较难被精准分类的居民用地、交通用地等数据在高精度的数字正射影像上直接矢量化，并将矢量数据叠合到数字正射影像图上，确定出这些土地利用类型的界线；其次，将影像上这一部分的用地去除之后，再对剩下的易分类的土地进行遥感自动解译分类；最后，将两个部分合并，得到最终分类结果。土地利用类型划分流程见图 3-28。以陕西省长安区滦镇梨园坪村为例，应用上述技术方法对其进行土地利用类型划分，结合 ArcGIS 分析工具下的汇总统计功能将划分好的土地利用类型面积及占比进行汇总说明。

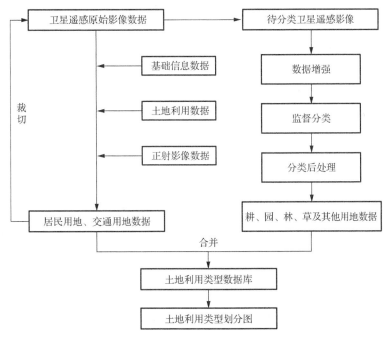

图 3-28    土地利用类型划分流程图

图 3-29 所示为研究区数字正射影像图，网格分辨率为 5m，面积约为 200km$^2$。根据研究区数字正射影像图，采用 ArcGIS 软件提供的最大似然分类法，将所构建的方形网格单元分为居民用地、裸地、草地、林地、交通用地共 5 种不同的土地利用类型，如图 3-30 所示。

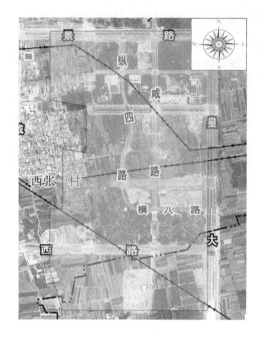 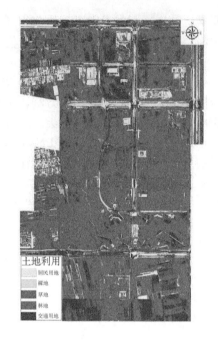

图 3-29　研究区数字正射摄影像示例图　　　　图 3-30　研究区土地利用类型划分示例

## 3.4　LID 设施基础数据采集及处理方法

根据实际 LID 设施情况及相似模拟案例中 LID 设施的控水参数可以近似确定具体参数。图 3-31 和表 3-7 分别为雨水花园结构示意图及其参数，图 3-32 和表 3-8分别为渗透铺装结构示意图及其参数，图 3-33 和表 3-9 分别为绿色屋顶结构示意图及其参数。

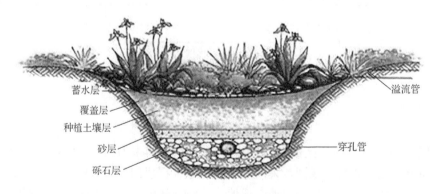

图 3-31　雨水花园结构示意图

表 3-7　雨水花园参数

| 表面 | 蓄水深度:300mm | 表面粗糙系数:0.12 |
| --- | --- | --- |
|  | 植被盖度:0.8 | 表面坡度:1% |
| 土壤 | 厚度:800mm | 导水率:75mm/h |
|  | 孔隙比:0.4 | 导水率坡度:2 |
|  | 产水能力:0.2 | 吸水头:500mm |
| 蓄水 | 高度:500mm | 导水率:15mm/h |
|  | 孔隙比:0.75 | 堵塞因子:0 |
| 暗渠 | 排水系数:0.5mm/h | 排水指数:0.5 |

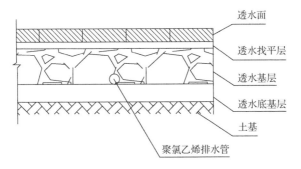

图 3-32　渗透铺装结构示意图

表 3-8　渗透铺装参数

| 表面 | 蓄水深度:0mm | 表面粗糙系数:0.01 |
| --- | --- | --- |
|  | 植被盖度:0 | 表面坡度:0.5% |
| 土壤 | 厚度:60mm | 渗透性:1000mm/h |
|  | 孔隙比:0.15 | 不透水表面面积:0 |
| 蓄水 | 高度:500mm | 导水率:1000mm/h |
|  | 孔隙比:0.75 | 堵塞因子:0 |
| 暗渠 | 排水系数:0.5mm/h | 排水指数:0.5 |

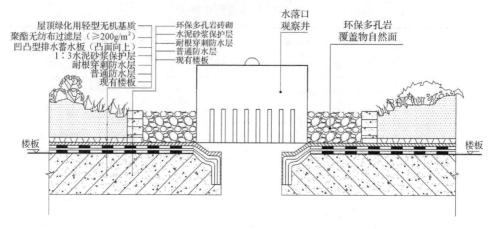

图 3-33　绿色屋顶结构示意图

表 3-9　绿色屋顶参数

| 表面 | 蓄水深度:50mm | 表面粗糙系数:0.1 |
|---|---|---|
|  | 植被盖度:0.8 | 表面坡度:0.8% |
| 蓄水 | 高度:150mm | 导水率:15mm/h |
|  | 孔隙比:0.75 | 堵塞因子:0 |
| 暗渠 | 排水系数:0.5mm/h | 排水指数:0.5 |

　　本章主要介绍了设计降雨雨型的分析方法，从基础资料选取、降雨历时确定到分析方法都做了详细的说明；重点介绍了对模型的典型下垫面及人工雨水设施的下渗参数进行测试分析的方法，提出了一种新型基于单环水位自动控制的下渗测量装置和一种透水铺装下渗率的测量装置；同时，介绍了机载激光雷达在地形资料采集方面的应用，包括设备平台、数据处理主要步骤与方法；最后，对土地利用资料 LID 设施基础数据采集的处理方法也进行了阐述。

## 参 考 文 献

[1] 岑国平. 暴雨资料的选样与统计方法[J]. 给水排水, 1999(4): 4-7.

[2] 周雪漪. 计算水力学[M]. 北京: 清华大学出版社, 1995.

[3] 岑国平, 沈晋, 范荣生. 城市设计暴雨雨型研究[J]. 水科学进展, 1998(1): 42-47.

[4] 任波, 李卫平, 黄立志. 山洪灾害预警预报技术[M]. 北京: 中国水利水电出版社, 2018.

[5] 吴梦喜, 程鹏达, 范福平, 等. 野外地表渗透系数测量装置与方法研究[J]. 岩土工程学报, 2016, 38(S2): 184-189.

[6] 王兴桦, 李丙尧, 侯精明, 等. 一种透水砖透水率的测量装置. 中国: CN209878555U[P]. 2019-12-31.

[7] 朱会平. 机载激光雷达测量系统检校与精度评估[D]. 焦作: 河南理工大学, 2011.

[8] 杨国东, 王民水. 倾斜摄影测量技术应用及展望[J]. 测绘与空间地理信息, 2016, 39(1): 13-15.

[9] 施骏骋. 倾斜摄影测量应用于城市三维单体模型构建的研究[D]. 昆明: 昆明理工大学, 2016.

[10] ZHANG C S. Mine laneway 3D reconstruction based on photogrammetry[J]. Transactions of Nonferrous Metals Society of China, 2011, 21(S3): s686-s691.

[11] 程振国. 基于倾斜摄影测量技术的建筑物空间变化监测研究[J]. 河北企业, 2016(8): 206-207.

[12] 林宗坚. UAV 低空航测技术研究[J]. 测绘科学, 2011, 36(1): 5-9.

[13] 许彪. 基于航空影像的真正射影像制作关键技术研究[D]. 武汉: 武汉大学, 2012.

[14] 李秀江. 介绍一个新图种——影像地图[J]. 中南林业调查规划, 1991(1): 51-52.

[15] 王宁. 图像的阴影检测与去除算法研究[D]. 北京: 北京交通大学, 2008.

[16] 马东岭, 丁宁, 蔡菲. 用全数字摄影测量系统高效获取 4D 数字产品的方法[J]. 地理空间信息, 2009, 7(4): 69-71.

# 第4章 评估模型构建及验证

海绵城市评估指标主要包括年径流总量控制率、内涝削减率和面源污染控制率。选定的评估模型计算模块应包括产流模型、地表汇流（漫流）模型、管网水动力学模型、河道水动力模型、海绵设施模型，且模型具有模拟、输入输出和计算结果可视化等功能。应根据模型应用的目的，选择合适的建模工具。本章选定美国 EPA SWMM 模拟海绵城市的径流控制率、污染物削减率等指标模拟，选定GAST 模型用于城市内涝积水过程模拟。

## 4.1 陕西省西咸新区沣西新城海绵城市项目概况

西咸新区是经国务院批准设立的首个以"创新城市发展方式"为主题的国家级新区，被赋予了建设丝绸之路经济带重要支点、我国向西开放重要枢纽、西部大开发新引擎和中国特色新型城镇化范例的历史使命。西咸新区按组团化发展思路，分为空港新城、沣东新城、秦汉新城、沣西新城、泾河新城五个新城。

西咸新区将海绵城市建设作为创新城市发展方式的重要着力点和突破点，为最大程度利用已有的工作基础，发挥综合、集中的示范效应，确定沣西新城核心区部分区域为海绵城市试点建设区域。

### 4.1.1 区域概况

#### 1. 区域位置及气象条件

西咸新区位于西安市和咸阳市两地建成区之间，西起茂陵及涝河入渭口，东至包茂高速，北至规划中的西咸环线，南至京昆高速，规划控制面积 882 平方公里，建设用地 272 平方公里。沣西新城位于沣河以西、渭河以南，是西咸新区的重要组成部分；该区包括鄠邑区的大王镇，长安区的马王街道、高桥乡，秦都区的钓台、陈杨寨街道，总面积 143.17 平方公里，其中建设用地约 64 平方公里，非建设用地约 79 平方公里。

沣西新城属温带大陆性季风型半干旱、半湿润气候区，四季冷暖、干湿分明；光、热、水资源丰富，全年光照总时数 1983.4h；年平均气温 13.6℃，最热月份为 7 月，平均气温可达 26.8℃，月绝对最高气温可达 43℃；最冷月份为 1 月，平均

气温-0.5℃，月绝对最低气温为-19℃；年平均相对湿度 74%，冬季相对湿度为
0.2%～0.3%，为干旱期，9 月、10 月两月相对湿度为 1.4%～1.8%，降水量明显大
于蒸发量。

沣西新城自然降雨量年际变化大，季节分配不均，9 月降雨多，冬季相对较
少，雨量多集中在 7～9 月。沣西新城历年各月风向以西风为主，平均风速 1.5m/s，
最大风速 17m/s；冬季历史上最大积雪厚度 24cm，历史上最大冻土深度 19cm，
无霜期 219d。

2. 工程地质

西咸新区分为 2 个工程地质区。低阶工程地质区：渭河河谷的高漫滩工程地
质亚区和一级阶地工程地质亚区，地基土由全新世冲积黏土、砂土组成。高阶地
工程地质区：渭河河谷二级阶地工程地质亚区和三级阶地工程地质亚区，主要由
晚更新世风积黄土积冲积黏土、砂土组成。

沣西新城属关中平原，地处新生代渭河断陷盆地中部西安凹陷的北侧，地势
平坦，土地肥沃，农业灌溉条件优越。沣河沿西边界由南向北贯穿整个规划区，
主要为渭河河谷阶地。渭河河谷阶地主要包括以下几类：现状渭河河道，渭河漫
滩（分为低漫滩和高漫滩），以及渭河一级、二级、三级阶地，地势相对平坦。

沣西新城地处华北地台南缘，渭河断陷盆地中部，地跨西安凹陷与咸阳凸起
两个次级构造单元交汇部。据国家地震局资料，西安凹陷与咸阳凸起以渭河断陷
为界，前者为渭河谷底，后者属于黄土台塬。新生代以来，区内以垂直升降运动
为主，沉积了巨厚的新生代地层。影响用地主要断裂有两组，渭河东西向断裂组
主要沿渭河南北两岸分布，渭河北西向断裂组主要分布于关中东部，历史上曾有
频繁的地震活动记载。

3. 水文地质

沣西新城处于渭河南北两岸阶地区，属于西安凹陷北部。新生代以来，堆积
了巨厚的松散沉积物，地下 300m 以内皆为第四纪松散堆积物，含水岩性为砂岩、
砂砾、卵石和部分黄土。各含水层在垂直方向与弱透水层成不等厚互层或夹层重
叠，尤其是数十米的粗粒相冲积层，蕴藏着丰富的地下水资源。根据地下水的赋
存条件和水力特征，分为潜水和承压水两类。

### 4.1.2　雨水排水分区划分

海绵城市排水管网排水分区划分是有效落实海绵城市专项规划的重要抓手，
科学合理地划分海绵城市排水分区是有效引导海绵城市建设目标和空间落实的重

要环节。西咸新区沣西新城海绵城市专项规划重在研究水文等基础条件，通过划分海绵城市排水分区，将管控指标落实在各分区中，明确海绵空间的规模和布局，以有效落实管控要求。沣西新城海绵城市专项规划中的排水分区管控策略可为其他城市提供参考。

结合西咸新区沣西新城本底条件，通过模拟分析地表雨水径流过程，同时考虑新城开发时序特征、地表竖向及坡度、绿地及路网、雨水管网等条件。基于流域汇水分区、自然地形条件下的子汇水分区划分、已建雨水管渠的分布，结合城市布局，综合考虑片区暴雨强度公式，管渠设计标准等因素，将沣西新城核心区划分为 10 个子排水分区。处于试点范围内的排水分区共计 6 个，如图 4-1 所示，分别是新河 4#排水分区、渭河 1#排水分区、绿廊排水分区、渭河 2#排水分区、沣河 2#排水分区、白马河排水分区。

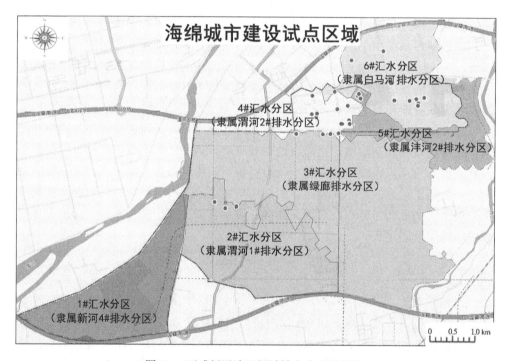

图 4-1　西咸新区沣西新城排水分区划分图

### 4.1.3　典型地块选取

典型地块的选取是模型参数率定的重要环节，一般具有以下特征：①地块包含研究区域多种下垫面类型，包括绿地、屋面、路面、裸土和铺装五类；②具有完善的排水管网系统和管网系统资料，包括管网拓扑关系、管径、流向等；③LID

设施类别完善且具有各类设施详细控制资料，如下沉式绿地（生物滞留设施）的建设比例、可渗透地面面积比例、绿色屋顶覆盖比例、不透水下垫面径流控制比例等；④具有系统完善的监测设备，包括雨量站、水位检测仪、流量检测仪等，可以为模型参数率定提供丰富的数据；⑤地块面积大小适中，过大会造成建模、参数率定、基础数据获取困难等问题，过小容易导致不具有代表性，不能体现全部研究区域径流情况。基于以上特征，选取西部云谷科技园与天福和园住宅小区作为典型块地，用以评估模型的参数率定与验证。

## 4.2　年径流总量及面源污染数值模型构建及验证

对海绵城市的径流控制率、污染物削减率等指标的模拟采用 SWMM，本节将详述模型建模流程。模型的参数率定工作是城市暴雨径流过程模拟的重要环节，在 SWMM[1-3]中，参数可分为测量得到的确定参数和需要率定的不确定参数。例如，汇水分区面积、特征宽度、坡度和不透水面积占比以及管径、管道长度等都可以通过实际资料确定；不确定参数则需要根据实际监测或历史资料率定得到，如透水区域和不透水区域的洼地蓄水量，以及地表曼宁系数、管道曼宁系数和下渗参数等。本书以西咸新区沣西新城海绵小区为例进行模型构建及参数率定验证。

模型模拟结果评估采用纳什（Nash-Sutcliffe）效率系数（NSE）、洪峰流量相对误差（RE$_P$）和峰现时间误差（AE$_T$）三个指标作为模型率定的评估指标。采用实测数据进行参数率定与模型验证时，模拟结果和测量数据对比匹配，需要达到两条以上标准：

（1）模拟结果和实测的水量和水质过程数据进行比较，NSE 大于 0.5。

（2）模拟结果和实测数据的峰值出现时间偏差在降雨事件历时的 20% 以内。

（3）模拟峰值和实测峰值的数值偏差在 25% 以内。

各指标的计算方法如下。

纳什效率系数（NSE）[4]：

$$\text{NSE}=1-\frac{\sum\limits_{i=1}^{N}\left(q_i^{\text{obs}}-q_i^{\text{sim}}\right)^2}{\sum\limits_{i=1}^{N}\left(q_i^{\text{obs}}-\overline{q^{\text{obs}}}\right)^2} \tag{4-1}$$

式中，$q_i^{\text{obs}}$ 为实测流量序列，m³/s；$q_i^{\text{sim}}$ 为模拟流量序列，m³/s；$N$ 为实测流量数据个数；$\overline{q^{\text{obs}}}$ 为实测流量均值，m³/s。

洪峰流量相对误差（$RE_P$）：

$$RE_P = \frac{\left| q_p^{obs} - q_p^{sim} \right|}{q_p^{obs}} \times 100\%$$ （4-2）

式中，$q_p^{obs}$ 为实测流量峰值，$m^3/s$；$q_p^{sim}$ 为模拟流量峰值，$m^3/s$。

峰现时间误差（$AE_T$）：

$$AE_T = T_p^{obs} - T_p^{sim}$$ （4-3）

式中，$T_p^{obs}$ 为实测峰现时间，min；$T_p^{sim}$ 为模拟峰现时间，min。

### 4.2.1　SWMM 建模流程及注意事项

1. 建模流程

SWMM 建模流程包括创建新工程、绘制对象、设置对象属性、模型模拟、查看模拟结果，见图 4-2，具体过程可参考 SWMM 5.0 用户手册。

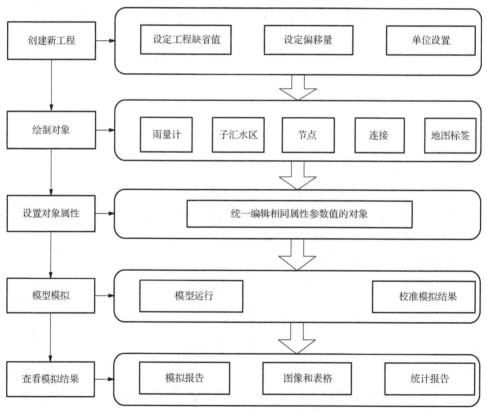

图 4-2　SWMM 建模流程图

1）创建新工程

新建工程之前，应对现有的工程进行保存。在新工程中应进行设定工程缺省值、设定偏移量、单位设置。

2）绘制对象

在 SWMM 模型中，采用各种对象模拟排水系统和传输系统的各个单元，包括雨量计、子汇水区、节点、连接等，还要添加研究区的地图标签。用户可对每个对象进行编辑、删除、移动等，也可对一组对象进行同样的操作。

3）设置对象属性

通过属性编辑器可对单个对象或者具有相同属性参数值的对象进行统一编辑，所有对象（如子汇水区面积、不透水面积占比、管道直径及长度等）的参数值要根据实际情况进行编辑。除此以外，也可导入编辑好的每个对象属性的外部文件到模型中，有效地提高建模的工作效率。

4）模型模拟

设置基础模型所有对象的各种参数，部分模拟的类型和物理量见表 4-1，用户可设置好常用选项、日期、时间步长、汇流模型选择和界面文件等模拟选项，再根据不同情景的模拟需求，开始执行模型模拟演算，最后可见模型模拟的运行过程。

表 4-1 部分模拟的类型和物理量

| 模拟类型 | 模拟物理量 |
| --- | --- |
| 节点 | 水头、水深、溢流量、总入流量、侧向入流量 |
| 管段 | 流量、水深、流速、管道容量、弗劳德常数 |
| 子汇水区 | 降雨量、径流量、降雨损失量 |
| 系统 | 降雨量、径流量、降雨损失量、总流量、蓄水量、溢流量 |

5）查看模拟结果

SWMM 正常运行成功后，可得到多种形式的模拟结果，包括时间序列图、剖面图、相关数据的表格及一些统计报告，用户可根据这些结果对整个排水管系统进行决策分析。

2. 建模注意事项

（1）模型构建前，评估基础数据的准确性和完整性。当数据不满足建模要求时，应根据表 4-2 及时补充。

表 4-2　模型数据类别及其用途

| 类别 | 数据名称 | 详细内容 | 用途 |
|---|---|---|---|
| 基础数据 | 下垫面数据 | 土地利用状况、土壤渗透属性 | 分析集水区的不透水区比例、洼地蓄积量等参数 |
| | 数字高程模型 | 地表高程信息 | 用于区域地形参考、划分集水区，提取集水区坡度等属性 |
| | 土地利用规划图 | 城市总体规划或详细规划的土地利用规划图 | 用于规划模型集水区的划分与参数的设定 |
| | 规划区域地形图 | 城市总体规划或详细规划的地形图 | 用于规划模型的区域地形参考、划分集水区，提取集水区坡度等属性 |
| | 规划文本 | 城市总体规划或详细规划的文本资料 | 用于设定规划情景下的模型相关参数 |
| | 排水管网测绘数据 | 节点（检查井、雨水口、排放口、闸、阀、泵站、调蓄池）、管线（排水管、排水渠）的现场测绘数据 | 构建管网拓扑关系，建立排水过程的产汇流关系模型 |
| | 排水设施性能数据 | 水泵曲线、调蓄设施蓄水曲线等 | 用于描述排水设施（水泵、调蓄设施等）的性能和调控参数 |
| | 监测数据 | 管网液位监测数据，管网流量监测数据，管网水质监测数据，COD、TP、TN、SS 等 | 用于模型参数的率定和验证 |
| 气象数据 | 降雨数据 | 降雨强度、降雨量、降雨历时 | 用于确定模型的降雨过程曲线 |
| | 蒸发数据 | 蒸发速率 | 用于描述集水区表面水、地下水、蓄水设施中水的蒸发速率 |

（2）几何建模需要研究区域的地形图。对于框架模型要求的地形图比例尺不小于 1∶5000，对于分区模型要求的地形图比例尺不小于 1∶2000。

（3）SWMM 需要对研究区域进行子汇水区划分，划分子汇水区应根据地形、地貌、土地利用类型及地表排水系统的特性与布置进行。每一个子汇水区是一个独立且封闭的区域。研究区域较小宜应根据排水管网走向、建筑物及街道分布情况，人工进行子汇水区划分；研究区域较大宜采用泰森多边形方法，再根据排水系统节点的分布情况，局部需要人工调整，最终划分好子汇水区。

（4）参数确定，根据模型应用的目的及选定的建模工具，确定产流模型、地表汇流（漫流）模型、管网水动力学模型、河道水动力模型，海绵设施模型所需要的参数。可根据相关规范，应用经验初步确定相关参数，然后通过率定与验证程序确定最终采用的参数，不同模型目的选择适宜的模拟计算方法及所需的主要参数见表 4-3。对于重要的参数应通过室内或现场实验进行确定。

表 4-3　不同模型目的选择适宜的模拟计算方法及所需的主要参数

| 模型模块 | 模拟方法 | | 所需参数 | | 适宜应用的目的 |
|---|---|---|---|---|---|
| 产流模块 | 前损后损法 | 前损 | 不透水区洼蓄量（mm） | | 基础数据收集较为完善，尤其对流域土壤水文特性有较为清晰的了解可采用此方法 |
| | | | 透水区洼蓄量（mm） | | |
| | | 后损 | Horton 模型 | 最大渗率（mm/h） | |
| | | | | 最小渗率（mm/h） | |
| | | | | 衰减系数（1/h） | |
| | | | Green-Ampt 模型 | 吸入水头（mm） | |
| | | | | 土壤饱和导水率（mm/h） | |
| | | | | 初始干燥土壤的容积数 | |
| | | | 集水区（汇水区）径流系数 | 曲线数 | |
| | | | | 导水率（已弃用） | |
| | | | | 干燥时间（d） | |
| | 固定径流系数法 | | 固定径流系数 | | 基础数据缺乏，评估某一特定降雨情景时可采用此方法，应用时应区分流量径流系数和雨量径流系数（流量径流系数通常用于评估峰值流量，雨量径流系数适宜考虑总水量） |
| | 可变径流系数法 | | 径流系数计算经验公式或变化系数 | | 适宜考虑不同重现期降雨情景或不同降雨强度下的产流计算 |
| 汇流模块 | 非线性水库法 | | 汇水区面积（hm²） | | 适宜对流域地形、地貌特征有一定了解的前提下使用。应用时，应注意汇水区的矩形概化 |
| | | | 汇水区宽度（m） | | |
| | | | 汇水区坡度（%） | | |
| | | | 地表曼宁系数 | | |
| | 等流时线法 | | 地表平均流速（m/s）或集水时间 $T_c$（min） | | 适宜参数缺乏时使用，常用于雨水管网规划设计 |
| | | | 时间面积曲线 | | |
| 管网水动力模块 | 动力波法 | | 管道粗糙系数 | | 考虑模型模拟需具备较高精度以及需考虑回水影响时，应采用此方法 |
| | | | 局部损失系数 | | |
| | 运动波法 | | 管道粗糙系数 | | 关注于峰值流量或需进行长历时模拟时，在不影响计算精度的前提下，为节省模拟时间，可以采用此方法 |
| | | | 局部损失系数 | | |
| 二维水动力模块 | 动力波法或运动波法 | | 地表粗糙系数 | | 模拟地表内涝积水时，应采用二维水动力计算方法 |

续表

| 模型模块 | 模拟方法 | 所需参数 | 适宜应用的目的 |
|---|---|---|---|
| 污染物模块 | 地表污染物冲刷模型和累积模型 | 污染物最大累积量（kg/hm²）、污染物累积率、冲刷系数、冲刷指数 | 模拟污染物输移过程 |
| LID 效果模块 | 集成到其他模块中进行模拟 | 表面粗糙度、表面坡度、孔隙比、下渗速率（mm/h）、土壤厚度、导水率等 | 对单项和组合的 LID 设施效果进行模拟 |

注：采用固定径流系数进行内涝分析计算时，宜提高现行国家标准《室外排水设计标准》（GB 50014—2021）中规定的径流系数。当设计重现期为 20～30 年时，宜将径流系数提高 10%～15%；当设计重现期为 30～50 年时，宜提高 20%～25%；当设计重现期为 50～100 年时，宜提高 30%～50%；当计算的径流系数大于 1 时，按 1 取值。径流系数应随地表在干燥状态下的下渗能力和地表坡度的增大而提高。

### 4.2.2　沣西新城年径流总量及面源污染数值模型率定及验证

西咸新区位于陕西省西安市和咸阳市建成区之间，辖空港新城、沣东新城、秦汉新城、沣西新城、泾河新城等五个组团。西咸新区海绵城市建设试点区域位于沣西新城核心区，南起西宝高速新线，北至统一路，西至渭河大堤，东至韩非路，总面积 22.5km²。西咸新区区位和试点区域区位分别如图 4-3 和图 4-4 所示。

图 4-3　西咸新区区位图　　　　　　　　图 4-4　试点区域区位图

1. 径流总量控制参数率定及验证

本小节采用西咸新区天福和园住宅小区[5]为研究对象，建立 SWMM 对参数进行率定及验证，因该研究区域内布设有完整的流量监测系统和气象站，实测资料较为完善。天福和园住宅小区位于沣西新城天府路以南，兴信路以西，咸户路以东，天雄西路以北，为西咸新区沣西新城一典型海绵示范住宅小区。

结合已有资料和模型原理，将模拟区域的土地利用类型分为四类：商业区、居民区、绿化区和交通区；模型的管道传输演算模型选取运动波模型；渗入模型选取 Horton 模型[6]，其中最大下渗率根据实测下渗率取 364.79mm/h，最小下渗率选取 68.43mm/h；子汇水区面积的渗透率为 25%（生态绿廊的渗透率折算为 100%）；管道统一选取圆管形状。SWMM 汇水区参数设定见表 4-4，管道参数设定如表 4-5 所示，主要参数如表 4-6 所示。

表 4-4　SWMM 汇水区参数设定

| 汇水区参数 | | 属性描述 |
| --- | --- | --- |
| 子汇水区面积 | | 依据不同用地属性划分汇水区，计算其面积 |
| 地表漫流路径宽度 | | 地表径流的流经宽度，取面积开方 |
| 地表平均坡度 | | 汇水区域地面整体坡度 |
| 不渗透面积占比 | | 根据建筑密度和绿地率计算 |
| 不渗透性粗糙系数 | | 不渗透面积的曼宁系数，取 0.001～0.005 |
| 渗透性粗糙系数 | | 渗透面积的曼宁系数，取 0.15～0.2 |
| 不渗透性洼地蓄水深度 | | 不渗透面积的洼地蓄水深度，取 3～5.5mm |
| 渗透性洼地蓄水深度 | | 渗透面积的洼地蓄水深度，取 7～10mm |
| 透水区下渗模型 | 最大下渗率 | 根据实际测量，最大下渗率取 364.79mm/h |
| | 最小下渗率 | 根据实际测量，最小下渗率取 68.43mm/h |
| | 衰减常数 | 7 |
| | 土壤干燥时间 | 7d |
| | 最大容积 | 0 |

表 4-5　SWMM 管道参数设定

| 管道参数 | 属性描述 |
| --- | --- |
| 管道形状 | 圆形 |
| 管道埋深 | 依据管网布置图 |
| 管道长度 | 依据管网布置图 |
| 曼宁系数 | 管道曼宁系数取 0.012～0.015 |

表 4-6　SWMM 主要参数

| 主要参数 | 属性描述 | 获取方式 |
| --- | --- | --- |
| 管道形状 | 圆形 | 沣西雨水管道布置图 |
| 管道埋深 | 依据管网布置图 | 沣西雨水管道布置图 |
| 管道长度 | 依据管网布置图 | 沣西雨水管道布置图 |
| 曼宁系数 | 管道曼宁系数，取 0.012～0.015 | 调查，文献，模型手册 |

| 水文参数 | 属性描述 | 获取方式 |
|---|---|---|
| 出水&进水节点 | 出水&进水节点名称 | 沣西雨水管道布置图 |
| 子汇水区面积 | 面积 | 实际量算 |
| 地表漫流路径宽度 | 坡面漫流过程的特征宽度 | 面积开方 |
| 地表平均坡度 | 坡面漫流过程的坡度 | 参考周围道路纵向坡度 |
| 不渗透面积占比 | 不透水区所占面积比例 | 实际区域地表覆盖分析 |
| 无洼蓄量面积占比 | 无洼蓄不透水面积率 | 实际区域地表特征分析 |

根据相似模拟案例中 LID 设施的控水参数，本模拟中 LID 设施各部分具体参数设置情况见表 4-7～表 4-11。

表 4-7　LID 设施表面部分模拟参数表

| LID 设施类型 | 蓄水深度/mm | 表面粗糙系数 | 植被盖度 | 表面坡度/% |
|---|---|---|---|---|
| 雨水花园 | 300 | 0.12 | 0.1 | 1 |
| 渗透铺装 | 0 | 0.01 | 0 | 0.5 |
| 绿色屋顶 | 50 | 0.1 | 0.1 | 0.8 |

表 4-8　LID 设施雨水花园土壤部分模拟参数表

| LID 设施类型 | 厚度/mm | 导水率/(mm/h) | 孔隙比 | 导水率坡度 | 产水能力 | 吸水头/mm | 枯萎点 |
|---|---|---|---|---|---|---|---|
| 雨水花园 | 800 | 87.71 | 0.4 | 2 | 0.2 | 500 | 0.1 |

表 4-9　LID 设施渗透铺装路面部分模拟参数表

| LID 设施类型 | 厚度/mm | 下渗率 | 孔隙比 | 堵塞因子 | 不透水表面面积 |
|---|---|---|---|---|---|
| 渗透铺装 | 60 | 351.89 | 0.015 | 0 | 0 |

表 4-10　LID 设施蓄水部分模拟参数表

| LID 设施类型 | 高度/mm | 导水率/(mm/h) | 孔隙比 | 堵塞因子 |
|---|---|---|---|---|
| 雨水花园 | 500 | 87.71 | 0.75 | 0 |
| 渗透铺装 | 500 | 0 | 0.75 | 0 |
| 绿色屋顶 | 150 | 15 | 0.75 | 0 |

表 4-11　LID 设施暗渠部分模拟参数表

| LID 设施类型 | 排水系数/（mm/h） | 暗渠偏移高度/mm | 排水指数 |
|---|---|---|---|
| 雨水花园 | 0.5 | 0 | 0.5 |
| 渗透铺装 | 0.5 | 0 | 0.5 |
| 绿色屋顶 | 0.5 | 0 | 0.5 |

　　根据天福和园住宅小区管网布置图与 LID 设施布置图（图 4-5），建立天福和园住宅小区 SWMM，通过模拟结果与实测数据对比验证模型参数取值的合理性。模型将模拟区域概化为 123 个子汇水区域，排水管网管段 47 段，管网节点 49 个，末端排水口 2 个；共设置雨水花园和渗透铺装 2 种 LID 设施，SWMM 区域概化图见图 4-6。

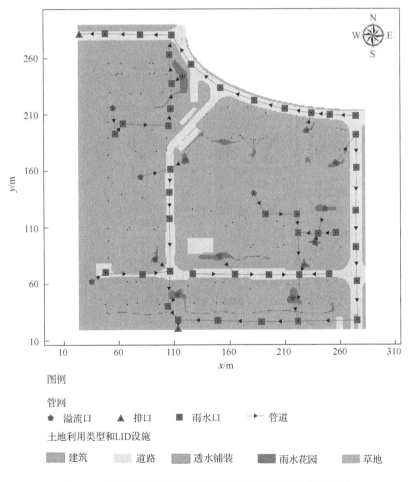

图例

管网

⬠ 溢流口　　▲ 排口　　◼ 雨水口　　—→ 管道

土地利用类型和LID设施

◼ 建筑　　◼ 道路　　◼ 透水铺装　　◼ 雨水花园　　◼ 草地

图 4-5　天福和园住宅小区管网布置图与 LID 设施布置图

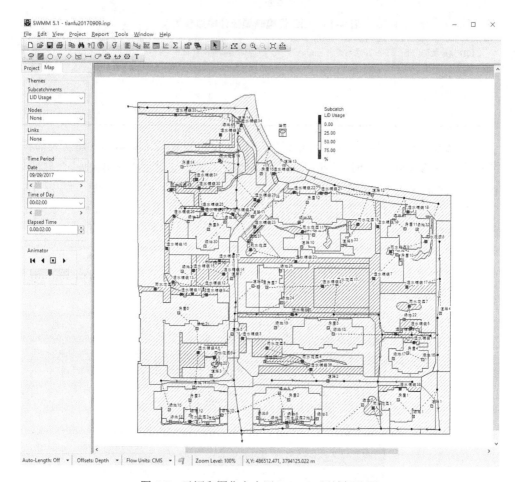

图 4-6　天福和园住宅小区 SWMM 区域概化图

选取 2017 年 8 月 20 日、9 月 9 日和 9 月 16 日三场降雨，率定 SWMM 的主要径流参数，为整个分区的 SWMM 提供参数取值。

实测降雨的降雨历时及降雨量等主要情况见表 4-12。

表 4-12　实测降雨情况统计表

| 降雨日期 | 降雨历时/min | 降雨量/mm | 最大雨强/（mm/h） | 降雨重现期 |
|---|---|---|---|---|
| 2017 年 8 月 20 日 | 96 | 13.4 | 21.6 | 大于 0.5 年 |
| 2017 年 9 月 9 日 | 960 | 16.0 | 12.0 | 大于 0.5 年 |
| 2017 年 9 月 16 日 | 780 | 11.4 | 7.2 | 0.5 年 |

实测降雨雨型及模拟流量与实测流量对比见图 4-7。

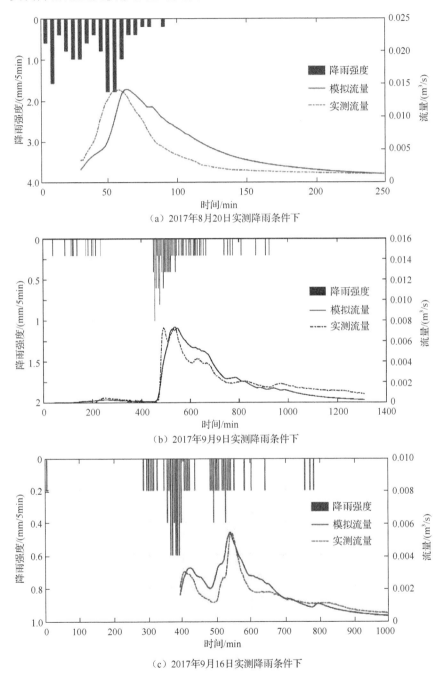

（a）2017年8月20日实测降雨条件下

（b）2017年9月9日实测降雨条件下

（c）2017年9月16日实测降雨条件下

图 4-7　实测降雨雨型及模拟流量与实测流量对比

经计算得到三场实际降雨条件下，天福和园住宅小区 SWMM 模拟效果评估见表 4-13。

表4-13　天福和园住宅小区 SWMM 模拟效果评估表

| 降雨日期 | 评估指标 | | |
| --- | --- | --- | --- |
| | NSE | $RE_P$ | $AE_T$/min |
| 2017 年 8 月 20 日 | 0.71 | 0.0038 | 6 |
| 2017 年 9 月 9 日 | 0.78 | 0.1552 | 18 |
| 2017 年 9 月 16 日 | 0.52 | 0.0153 | 4 |

通过表 4-13 可以看出，该模型经参数率定后 NSE 均大于 0.5，满足标准（>0.5）。

### 2. 面源污染参数率定及验证

选择陕西省西咸新区西部云谷科技园作为污染物参数率定的研究区域，因该地块内在出口布设有自动水样采集仪器，水质监测情况比较完整。区域面积约为 $68000m^2$。根据研究区域地形图、雨水管网分布图及 LID 设施布设示意图（图 4-8），遵循概化原则，将研究区域划分为 109 个汇水子区域（44 个绿地及雨水花园、25 块渗透铺装、15 座楼房、9 个绿色屋顶、14 片路面、2 个车库、3 个景观亭和 1 个篮球场），排水管网管段 59 段，管网节点 62 个，末端出水口 1 个。研究区域模型构建概化如图 4-9 所示。

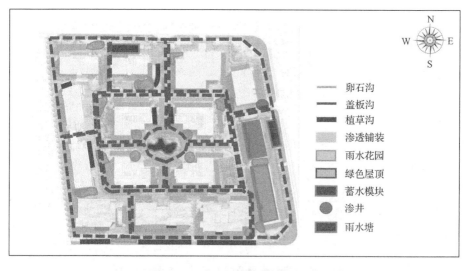

图 4-8　研究区域 LID 设施布设示意图（见彩图）

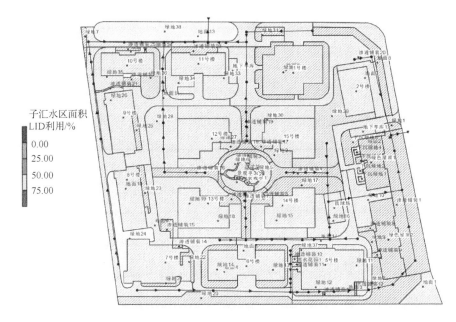

图 4-9　研究区域模型构建概化图

目前，海绵城市建设评估指标体系中面源污染削减率一般采用总悬浮固体（TSS）削减率指标进行评估，因此模型对 TSS 指标进行模拟。地表污染物累积量与土地利用类型状况、绿化条件、交通状况、土地裸露程度、降雨间隔和降雨强度等直接相关。借鉴国内外文献中对城市内各功能区的地表累积物负荷研究成果，并结合西咸新区面源污染负荷物监测结果，确定模型采用的累积模型参数，见表 4-14。

表 4-14　不同土地利用类型污染物累积条件

| 土地利用类型 | TSS | |
| --- | --- | --- |
| | 最大增长 | 饱和函数 |
| 居民区 | 140 | 8～15 |
| 商业区 | 130 | 8～15 |
| 绿化区 | 120 | 8～15 |
| 交通区 | 130 | 8～15 |

污染物冲刷模型中的与污染物相关的系数，如冲刷系数、冲刷指数，参考相关文献和参数率定，不同土地利用类型地表可以设定不同污染因子的冲刷参数。沣西新城使用的冲刷系数、冲刷指数参考取值见表 4-15。

表 4-15　不同土地利用类型污染物冲刷条件

| 土地利用类型 | TSS | |
| --- | --- | --- |
| | 冲刷系数 | 冲刷指数 |
| 居民区 | 0.009 | 0.4 |
| 商业区 | 0.009 | 0.4 |
| 绿化区 | 0.090 | 0.2 |
| 交通区 | 0.008 | 0.5 |

选择 2017 年 3 月 13 日单场次降雨进行率定，实测与模拟 TSS 浓度对比图（图 4-10）。对模型模拟结果进行评估，计算得到参数率定后 NSE 为 0.504，满足标准（>0.5）。

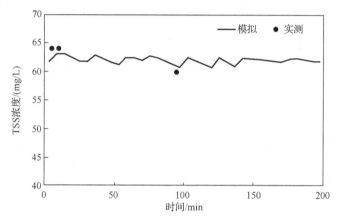

图 4-10　实测与模拟 TSS 浓度对比

### 3. 数值模型建立

根据以上率定验证参数建立整体区域模型，结合现有的资料和模型原理，将模拟区域的土地利用类型分为四类：商业区、居民区、绿化区及交通区；模型的管道传输演算模型选取运动波模型；渗入模型选取 Horton 模型，管道统一选取圆形管；模型边界闭合，没有外水进入。

西咸新区海绵城市建设试点区域位于沣西新城核心区，南起西宝高速新线，北至统一路，西至渭河大堤，东至韩非路，总面积 22.51km²。其由新河 4#排水分区（1#汇水分区）、渭河 1#排水分区（2#汇水分区）、绿廊排水分区（3#汇水分区）、渭河 2#排水分区（4#汇水分区）、沣河 2#排水分区（5#汇水分区）、白马河排水分区（6#汇水分区）6 个分区组成。其中，新河 4#排水分区占地 5.22km²，占总面积的 23.19%；渭河 1#排水分区占地 6.11km²，占总面积的 27.14%；绿廊排水分区占地 6.58km²，占总面积的 29.23%；渭河 2#排水分区占地 1.71km²，占总面积的 7.60%；沣河 2#排水分区占地 0.73km²，占总面积的 3.24%；白马河排水分区占地 2.16km$^2$,占总面积的 9.60%。试点区域管网按照《陕西省西咸新区沣西新城雨水工程专项规划》中雨水规划管网图纸布置,沣西新城各分区分布及管网布设如图 4-11 所示。

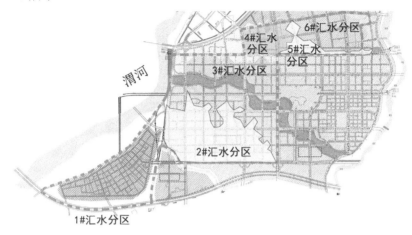

图 4-11 沣西新城各分区分布及管网布设图

根据参考区域地形图及雨水管网分布图,选取整个海绵示范区作为研究区域,将模拟区域概化为 234 个子汇水区域,排水管网管段 546 段,管网节点 544 个,末端排水口 23 个。LID 设施按照《低影响开发研究报告》布置,根据实际工程建设情况,其现状 LID 设施面积约为 0.48km$^2$,占模拟区域的 2.13%。规划 LID 措施面积约为 3.20km$^2$,占模拟区域的 14.22%。沣西新城整体区域现状模型概化图与规划模型概化图分别如图 4-12 和图 4-13 所示,模型中的参数采用经率定验证后的参数。

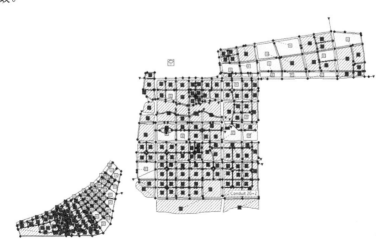

图 4-12 沣西新城整体区域现状模型概化图

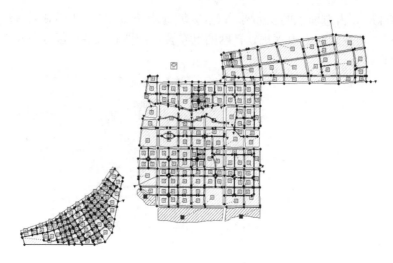

图 4-13　沣西新城整体区域规划模型概化图

## 4.3　城市内涝过程数值模型构建及验证

本书选定 GAST 模型对城市内涝积水过程进行模拟。为评估模型的计算效率和精度，选取陕西省西咸新区部分区域为研究区域，应用所建模型，输入实测降雨与下垫面资料，来模拟研究区主要街道的内涝积水情况，并与实际监测数据进行比对来验证模型的可靠性。

基于历史记录进行参数率定和模型验证时，模拟结果应能反映实际内涝积水和溢流状况。选择历史记录时，应排除人为造成的临时性积水和溢流状况。内涝点状况通常包括最大积水深度和积水持续时间；溢流状况通常包括是否发生溢流，以及溢流发生的时间和溢流次数等。

### 4.3.1　GAST 模型建模过程及注意事项

GAST 模型[7-8]构建主要过程为基础数据处理、模型构建和结果数据处理。

1. 建模过程

1）基础数据处理

地形数据的采集、降雨数据的收集，划分地形网格，并将地形数据、降雨数据处理为相应的标准数据格式；收集土地利用类型数据，按照土地利用类型得到 flag 文件，并依照相关标准制作对应曼宁文件、不同土地类型的下渗文件。

2）模型构建

将地形数据、降雨数据、曼宁文件和下渗文件输入模型，设置相应的运行时间、边界条件、输出文件的位置、输出时间间隔等参数。模型运行需要设置库朗数、结果文件的保存位置、结果文件的输出间隔时间等相关运行参数。

3）结果数据处理

可根据评估需要，将计算结果处理为平面水深分布过程、流速分布过程等降雨过程水流分布情况，提取相应断面的流量过程线、流速等水力要素，相应点的水深、流速变化情况等。

2. 建模注意事项

（1）模型构建前，应评估基础数据的准确性和完整性。当数据不满足建模要求时，应根据表 4-1 及时补充。

（2）几何建模需要研究区域的地形图。对于框架模型要求的地形图比例尺不小于 1∶5000，对于分区模型要求的地形图比例尺不小于 1∶2000，对于精细模型要求的地形图比例尺不小于 1∶1000。

（3）视选定模型的类型，需要对研究区域进行子汇水区划分或网格划分。子汇水区与网格的精细程度应综合考虑基础数据精细程度、模型应用的目标、模拟的精度、运算成本、时间进度要求确定。

（4）GAST 模型需要对研究区域划分网格。网格应根据地形变化程度、计算区域的重要性来划分。地形变化大、重点区域网格要精细，宜采用精细的地形数据，网格精度可为 2m、1m、0.5m。地形平坦、非重点区域网可以适当较粗，网格精度建议采用 3m、5m 及以上。

（5）可根据相关规范确定参数，应用经验初步确定相关参数，然后通过率定与验证程序确定最终采用的参数。对于重要的参数应通过室内或现场实验进行确定。

## 4.3.2　海绵城市实验平台

为对 GAST 构建的数值模型进行精度验证，依据海绵城市雨洪过程，运用相似原理设计实验平台[9-12]。雨洪实验平台结构如图 4-14 所示，航拍图如图 4-15 所示。通过调节降雨器开度、平台纵向和横向坡度、林草的布局及下渗板孔隙度可满足实验对不同降雨强度、地形、摩阻和下渗率的要求。将实验坡度设置为 1°横坡、1°纵坡，降雨强度为 54mm/h，研究两种不同类型下垫面下总排口处径流过程，并以此验证模型精度。

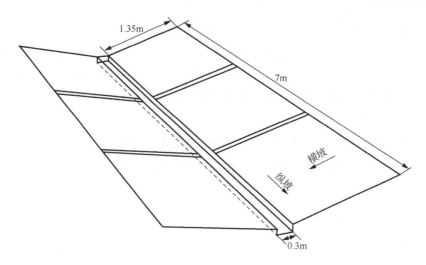

图 4-14　雨洪实验平台结构示意图

图 4-15　雨洪实验平台航拍图

数值模型输入资料分为降雨数据、地形数据、下渗资料及土地利用类型数据四部分。降雨强度为 54mm/h，降雨历时 180s，模拟降雨开始至 400s 的径流过程；下渗资料为实验实测下渗数据；平台路面选用合金材料，其曼宁系数取值 0.025；林草为塑料制品，曼宁系数取值 0.15，其他区域选用亚克力材料并在其上布孔，曼宁系数取值 0.02。采用 0.01m 精度的 DEM 数据，共计 21 万个方形网格单元。下游边界采用自由出流的开边界，其余边界定义为闭边界。计算过程中库朗数取值 0.5。

　　实验平台雨洪过程模拟与实测流量对比如图 4-16 所示，图 4-16（a）为下渗率较小工况的结果，图 4-16（b）为下渗率较大工况的结果。降雨历时 180s，计算时长 400s。由图 4-16 可看出，两下垫面条件下流量均呈上升达到稳定、最后下降的趋势；较小下渗率工况其峰现时间较早，持续时间较长且峰值流量较高，而较大下渗率工况峰现时间较晚，持续时间较短，且峰值流量明显低于较小下渗率工况。两种下垫面条件下，模型模拟结果与实测结果吻合度均较高，但由于实验过程中降雨不稳定及室外自然条件等因素的影响，模拟结果与实测结果略有偏差。经计算，较小下渗率工况下 RMSE=0.00006，小于模拟值标准偏差的一半 0.00026；较大下渗率工况下 RMSE=0.00009，同样小于模拟值标准偏差的一半 0.00024。结果表明，该评估模型对于海绵城市雨洪过程的模拟精度及可靠性较高。

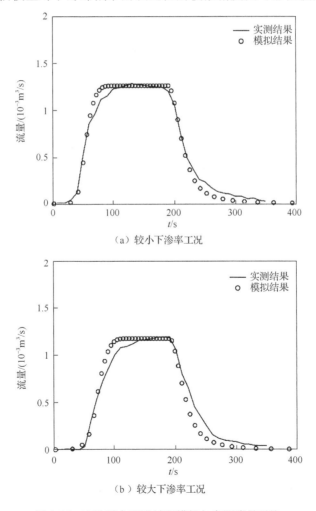

（a）较小下渗率工况

（b）较大下渗率工况

图 4-16　实验平台雨洪过程模拟与实测流量对比

### 4.3.3 沣西新城内涝过程数值模型率定及验证

选取陕西省西咸新区部分区域作为研究区域[7,13-16]，该区域位于西安市和咸阳市建成区之间（图4-17），总面积3.68km²。区域为典型的居民区，现有建筑主要为居民楼及学校建筑，建筑高低不一，下垫面特征复杂。研究区域属温带大陆性季风型气候区。多年平均降水量约520mm，其中7～9月降雨量占全年降水量的50%左右，且夏季降雨多以暴雨形式出现，易造成洪、涝等自然灾害。

图4-17　研究区域（西咸新区）区位图

模型输入资料分为降雨资料、地形数据、下渗资料及土地利用类型数据四部分。其中，模型输入的降雨条件为2016年8月25日西咸新区云谷10号楼气象站实测降雨数据。降雨历时7h，累计降雨量66mm，双峰雨型，降雨强度峰值出现于3.1h，经降雨重现期关系曲线推算，该场次降雨重现期为50年一遇。具体输入参数见图4-18～图4-20。

根据研究区数字正射影像图，采用最大似然分类法将所构建的方形网格单元分为民居用地、道路、裸地、林地、草地共5种不同的土地利用类型，其中居民楼宇占地面积0.59km²、沥青路面占地面积1.18km²、裸土占地面积0.67km²、林地占地面积0.63km²、草地占地面积0.61km²。每种土地利用类型的曼宁系数参照城市排涝相关标准及文献确定，假定裸地、林地、草地为完全透水，道路为完全不透水，居民用地则根据实际情况分为透水区和不透水区来计算，具体参数如表 4-16 所示。

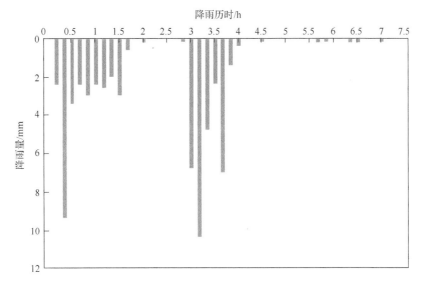

图 4-18　研究区 2016 年 8 月 25 日场次实测降雨过程

图 4-19　研究区数字正射影像图

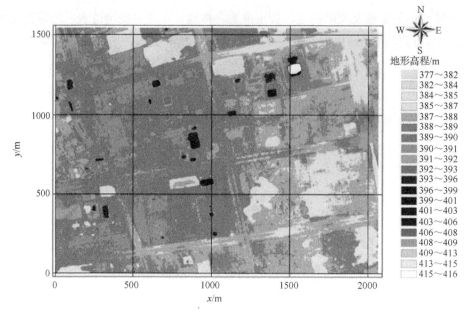

图 4-20　研究区 DEM 图

表 4-16　下垫面属性及曼宁系数

| 土地利用类型（面积占比） | 透水率/% | 曼宁系数 |
| --- | --- | --- |
| 民居用地（16%） | 80 | 0.015 |
| 道路（32%） | 0 | 0.014 |
| 裸地（18%） | 100 | 0.03 |
| 林地（17%） | 100 | 0.2 |
| 草地（17%） | 100 | 0.06 |

　　根据西咸新区海绵技术中心提供的地勘报告，研究区域地层由耕土、第四纪全新世冲洪积黄土状土、冲积砂类土组成，且各层土样湿陷系数均小于 0.015，故确定研究区下垫面土壤属于非湿陷性黄土。基于土壤性质，选取 Green-Ampt 下渗模型描述黄土的下渗过程。

　　模型计算采用开放边界，四周无入流。计算过程库朗数采用 0.5，模拟降雨开始至 8h 后的积水过程。模拟采用微型计算机，搭载 NVDIA GeForce GTX 1080 显卡，单精度浮点（32bit）运算能力为 9TFlops/s。由于该显卡定位为游戏用卡，计算实际调用的双精度浮点（64bit）运算能力不足单精度运算能力的 1/32，模型计算共用时 45169s（12.5h）。为解决这一问题，模型同时在搭载双精度浮点运算性能达 1.17TFlops/s 的专业显卡 Tesla K20 的计算机上运行。本次模拟的研究区内涝风险分布如图 4-21 所示，模拟积水结果与实测积水对比如图 4-22 和表 4-17 所示。

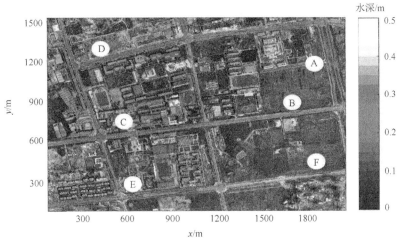

图 4-21　研究区内涝风险分布图

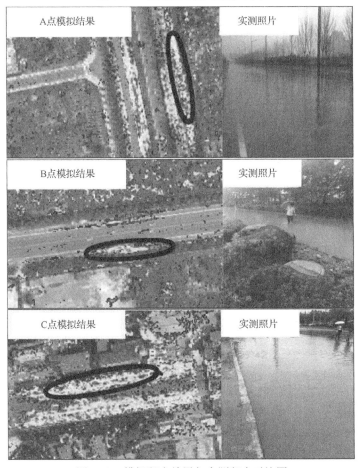

图 4-22　模拟积水结果与实测积水对比图

表 4-17　模拟积水结果与实测积水对比

| 内涝位置 | 内涝积水面积/m² | | 内涝积水深度/cm | |
|---|---|---|---|---|
| | 模拟 | 实测 | 模拟 | 实测 |
| A 点　白马河路北段 | 1621.51 | >1600 | 55 | >50 |
| B 点　统一路东段 | 464.21 | >480 | 35 | >30 |
| C 点　统一路西段 | 1566.12 | >1600 | 40 | >40 |
| D 点　永平路西入口 | 916.94 | >1000 | 50 | >25 |
| E 点　同德路南段 | 1734.08 | — | 52 | — |
| F 点　康定路东段 | 770.11 | >800 | 33 | >30 |

　　图 4-21 中标记出内涝影响较为严重的 6 处积水点片，并与实测记录对比。由图 4-22 及表 4-17 可以看出，模拟积水的位置与内涝发生位置吻合（5 处），各点积水程度与实测数据相近，其中内涝积水面积平均相对误差为 3.44%，内涝积水深度平均相对误差为 16.49%。结果表明，模拟的城市内涝积水过程与实际监测过程相符，模拟效果较好。

## 参 考 文 献

[1] 朱呈浩, 夏军强, 陈倩, 等. 基于 SWMM 模型的城市洪涝过程模拟及风险评估[J]. 灾害学, 2018, 33(2): 224-230.

[2] 万坚. 基于 SWMM 的内涝防治设施的优化改造模拟[J]. 安徽建筑, 2020, 27(12): 111-113.

[3] 王蓉, 秦华鹏, 赵智杰. 基于 SWMM 模拟的快速城市化地区洪峰径流和非点源污染控制研究[J]. 北京大学学报(自然科学版), 2015, 51(1): 141-150.

[4] 杨东, 侯精明, 李东来, 等. 基于扩散波方法的管网排水过程数值模拟[J]. 中国给水排水, 2020, 36(15): 113-120.

[5] 侯精明, 李东来, 王小军, 等. 建筑小区尺度下 LID 措施前期条件对径流调控效果影响模拟[J]. 水科学进展, 2019, 30(1): 45-55.

[6] ISMAIL I, JABER A. Generalized Horton model for low-intensity rainfall[J]. Soil Science, 2013, 178(4): 174-179.

[7] 侯精明, 王润, 李国栋, 等. 基于动力波法的高效高分辨率城市雨洪过程数值模型[J]. 水力发电学报, 2018, 37(3): 40-49.

[8] 侯精明, 李桂伊, 李国栋, 等. 高效高精度水动力模型在洪水演进中的应用研究[J]. 水力发电学报, 2018, 37(2): 96-107.

[9] HOU J, ZHANG Y, TONG Y, et al. Experimental study for effects of terrain features and rainfall intensity on infiltration rate of modelled permeable pavement[J]. Journal of Environmental Management, 2019, 243(6): 177-186.

[10] 刘菲菲, 侯精明, 郭凯华, 等. 基于全水动力模型的流域雨洪过程数值模拟[J]. 水动力学研究与进展(A 辑), 2018, 33(6): 778-785.

[11] HOU J, HAN H, QI W, et al. Experimental investigation for impacts of rain storms and terrain slopes on low impact development effect in an idealized urban catchment[J]. Journal of Hydrology, 2019, 579: 1-10.

[12] 张阳维, 侯精明, 齐文超, 等. 透水铺装下渗率对降雨及地形特征的响应机制研究[J]. 给水排水, 2018, 54(S2): 121-127.

[13] 石宝山, 侯精明, 李丙尧, 等. 基于 Green-Ampt 和稳渗不同入渗模型下的城市内涝影响数值模拟[J]. 南水北调与水利科技, 2019, 17(5): 115-123.

[14] 陈光照, 侯精明, 张阳维, 等. 西咸新区降雨空间非一致性对内涝过程影响模拟研究[J]. 南水北调与水利科技, 2019, 17(4): 37-45.

[15] 刘力, 侯精明, 李家科, 等. 西咸新区海绵城市建设对中型降雨致涝影响[J]. 水资源与水工程学报, 2018, 29(1): 155-159.

[16] 侯精明, 郭凯华, 王志力, 等. 设计暴雨雨型对城市内涝影响数值模拟[J]. 水科学进展, 2017, 28(6): 820-828.

# 第5章 年径流总量控制效果数值模拟评估

## 5.1 考核要求及方法

海绵城市建设区域达到《海绵城市建设技术指南》规定的年径流总量控制率要求（年径流总量控制率85%）。对低于雨水设施设计降雨量的降雨，雨水设施不得出现雨水未经控制直接外排的现象。特殊情况下（如地下水位高、径流污染严重、土壤渗透性差、地下建筑（构）物阻挡、地形陡峭等），径流雨水难以通过下渗补充地下水、储存回用等方式减排时，若径流雨水经过合理控制（如土壤渗滤净化）后排放的，可视为达到年径流总量控制率要求。

2017年11月，海绵城市建设新增考核细则要求中提出：①经模型评估，当地降雨形成的年径流总量控制率达标；②建筑雨落管断接，小区雨水溢流排放到市政管网。其中，考核重点包括：①年径流总量控制率指标确定的科学性、可达标性（包含本底降雨特征、径流特征、土壤渗透规律、源头减排控制量等分析及模型模拟评估）；②典型项目源头控制达标、满足规定年径流总量控制率要求（雨水管断接，径流组织有序、溢流排放与管网衔接）。

根据实际情况，在地块雨水排放口、关键管网节点安装观测计量装置及雨量监测装置，连续进行监测（不少于1年、监测频率不低于15min/次）；结合相关设计图纸与现场勘测，对示范区域内雨水设施的衔接关系、汇水面积、有效调蓄容积进行计算，判断设施的设计降雨量标准及对应的年径流总量控制率（必要时结合实际降雨的连续监测分析进行辅助判断），进而利用加权平均的方法逐层计算，得到示范区域的多年平均径流总量控制率；同时，结合气象部门提供的近3年连续降雨的模型模拟，辅助分析示范区域近3年平均径流总量控制率。

## 5.2 整体区域年径流总量控制效果数值模拟评估

### 5.2.1 整体区域实测降雨数值模拟评估

通过试点项目实施落地及规划建设管控程序的贯彻执行，有效保障试点区域近、远期年径流总量控制率的达标[1]。在统计项目实际建设落地情况和全面分析试点区域2016年、2017年监测数据结果的基础上，进行充分合理的参数率定和条件输入[2-4]，利用 SWMM 及 2017 年全年实测降雨，对试点区域总体年径流总量控制率达标性进行分析。结果显示，试点区域现状年年径流总量控制率达86.09%，规划年年径流总量控制率目标91.62%，达到试点考核目标。

　　2017 年和 2018 年试点区域海绵城市建设现状年及规划年条件下径流控制率模拟结果分别见表 5-1～表 5-4，整体试点区域现状年和规划年日降雨量与模拟总排水量过程分别见图 5-1 和图 5-2。2017 年整体试点区域径流控制率现状年和规划年对比见图 5-3，2018 年整体试点区域径流控制率现状年和规划年对比见图 5-4。

表 5-1　2017 年试点区域海绵城市建设现状年径流控制率模拟结果

| 降雨日期 | 降雨量/mm | 降雨总体积/m³ | 排水量/m³ | 径流控制率/% |
|---|---|---|---|---|
| 3 月 12 日 | 38.6 | 868886 | 127235 | 85.36 |
| 5 月 3 日 | 22.8 | 513228 | 75040 | 85.38 |
| 8 月 20 日 | 13.4 | 301634 | 38678 | 87.18 |
| 9 月 9 日 | 16.0 | 360160 | 48617 | 86.50 |
| 9 月 16 日 | 11.4 | 256614 | 33464 | 86.96 |
| 9 月 26 日 | 33.0 | 742830 | 109789 | 85.22 |
| 10 月 3 日 | 54.2 | 1220042 | 190468 | 84.39 |
| 10 月 11 日 | 23.6 | 531236 | 79880 | 84.96 |
| 全年 | 605.2 | 13623052 | 1708648 | 87.46 |

表 5-2　2018 年试点区域海绵城市建设现状年径流控制率模拟结果

| 降雨日期 | 降雨量/mm | 降雨总体积/m³ | 排水量/m³ | 径流控制率/% |
|---|---|---|---|---|
| 4 月 4 日 | 14.8 | 333148 | 46387 | 86.08 |
| 4 月 12 日 | 20.6 | 463706 | 61415 | 86.76 |
| 6 月 18 日 | 22.6 | 508726 | 72103 | 85.83 |
| 7 月 2 日 | 38.4 | 864384 | 128525 | 85.13 |
| 7 月 4 日 | 28.8 | 648288 | 94547 | 85.42 |
| 7 月 8 日 | 22.4 | 504224 | 63802 | 87.35 |
| 7 月 31 日 | 18.0 | 405180 | 46467 | 88.53 |
| 8 月 7 日 | 15.6 | 351156 | 39895 | 88.64 |
| 8 月 21 日 | 41.8 | 940918 | 133653 | 85.80 |
| 9 月 15 日 | 18.8 | 423188 | 58131 | 86.26 |
| 1～9 月 | 438.2 | 9863882 | 1176432 | 88.07 |

表 5-3　2017 年试点区域规划年条件下径流控制率模拟结果

| 降雨日期 | 降雨量/mm | 降雨总体积/m³ | 排水量/m³ | 径流控制率/% |
|---|---|---|---|---|
| 3 月 12 日 | 38.6 | 868886 | 71411 | 91.78 |
| 5 月 3 日 | 22.8 | 513228 | 42645 | 91.69 |
| 8 月 20 日 | 13.4 | 301634 | 23681 | 92.15 |
| 9 月 9 日 | 16.0 | 360160 | 28557 | 92.07 |
| 9 月 16 日 | 11.4 | 256614 | 19556 | 92.38 |
| 9 月 26 日 | 33.0 | 742830 | 65659 | 91.16 |
| 10 月 3 日 | 54.2 | 1220042 | 116136 | 90.48 |
| 10 月 11 日 | 23.6 | 531236 | 47853 | 90.99 |
| 全年 | 605.2 | 13623052 | 1087117 | 92.02 |

表 5-4　2018 年试点区域规划年条件下径流控制率模拟结果

| 降雨日期 | 降雨量/mm | 降雨总体积/m³ | 排水量/m³ | 径流控制率/% |
|---|---|---|---|---|
| 4 月 4 日 | 14.8 | 333148 | 26719 | 91.98 |
| 4 月 12 日 | 20.6 | 463706 | 35216 | 92.41 |
| 6 月 18 日 | 22.6 | 508726 | 41307 | 91.88 |
| 7 月 2 日 | 38.4 | 864384 | 77167 | 84.83 |
| 7 月 4 日 | 28.8 | 648288 | 54097 | 91.66 |
| 7 月 8 日 | 22.4 | 504224 | 35717 | 92.92 |
| 7 月 31 日 | 18.0 | 405180 | 29374 | 92.75 |
| 8 月 7 日 | 15.6 | 351156 | 25540 | 92.73 |
| 8 月 21 日 | 41.8 | 940918 | 84375 | 91.03 |
| 9 月 15 日 | 18.8 | 423188 | 33465 | 92.09 |
| 1～9 月 | 438.2 | 9863882 | 716608 | 92.74 |

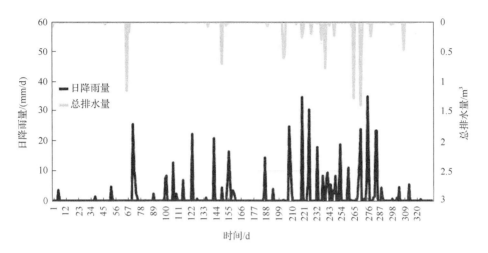

图 5-1　整体试点区域现状年日降雨量与模拟总排水量过程图

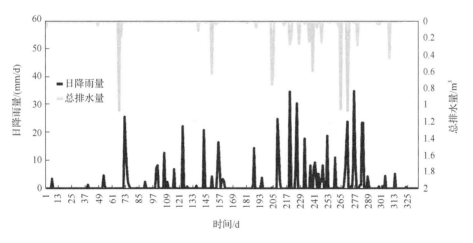

图 5-2　整体试点区域规划年日降雨量与模拟总排水量过程图

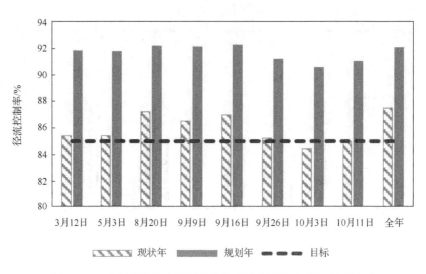

图 5-3　2017 年整体试点区域径流控制率现状年和规划年对比图

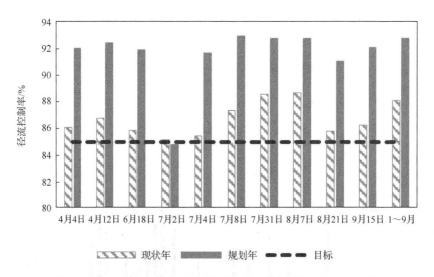

图 5-4　2018 年整体试点区域径流控制率现状年和规划年对比图

### 5.2.2　整体区域设计降雨数值模拟评估

模拟重现期为 1 年一遇设计降雨和设计日降雨（19.2mm），降雨历时 24h 情况下现状的总量径流控制。降雨量为 19.2mm（日平均降雨量），降雨历时 24h 的设计降雨情况下，现状年整体试点区域径流控制率达 86.79%，达到考核目标要求（85%），规划年整体试点区域径流控制率达 92.20%，远超考核目标要求（85%）（表 5-5）。24h 设计降雨雨型分布见图 5-5。

表 5-5　沣西新城海绵城市整体现状年及规划年设计降雨径流控制率模拟结果

| 时期 | 设计日降雨（19.2mm） | | | 1 年一遇（28.93mm） | | |
|------|------------|----------|-------------|----------------|--------|-------------|
| | 降雨总体积/m³ | 排水量/m³ | 径流控制率/% | 降雨总体积/m³ | 排水量/m³ | 径流控制率/% |
| 现状年 | 432192 | 57096 | 86.79 | 651214 | 85590 | 86.86 |
| 规划年 | 432192 | 33701 | 92.20 | 651214 | 50978 | 92.17 |

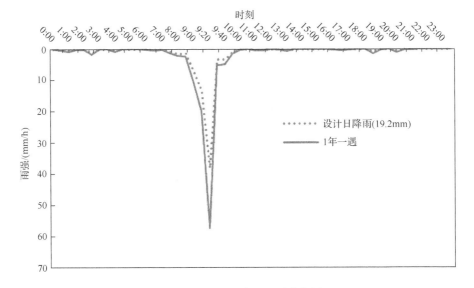

图 5-5　24h 设计降雨雨型分布图

## 5.3　汇水分区年径流总量控制效果数值模拟评估

### 5.3.1　各汇水分区实测降雨数值模拟评估

1. 1#汇水分区（新河 4#排水分区）

考核要求：经模型评估，当地降雨形成的年径流总量控制率达标。

考核目标：试点区域年径流总量控制率达到 85.6%。

达标情况：通过试点项目实施落地及规划建设管控程序的贯彻执行，有效保障试点区域近、远期年径流总量控制率的达标。在统计项目实际建设落地情况和全面分析试点区域 2017 年、2018 年监测数据结果的基础上，进行充分合理的参数率定和条件输入，利用 SWMM 对试点区域总体、分区及典型地块年径流总量控制率达标性进行分析（图 5-6 和图 5-7）。结果显示，1#汇水分区现状年年径流总量控制率为86.87%，达到片区考核目标，规划年年径流总量控制率目标87.97%，达到片区考核目标。

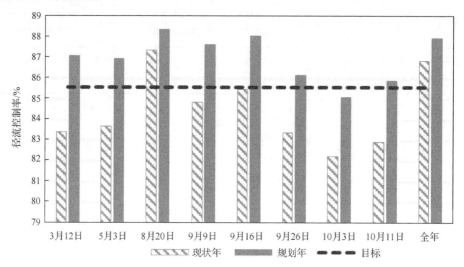

图 5-6　2017 年 1#汇水分区径流控制率现状年和规划年对比图

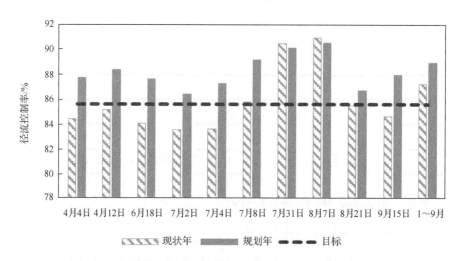

图 5-7　2018 年 1#汇水分区径流控制率现状年和规划年对比图

## 2. 2#汇水分区（渭河 1#排水分区）

**考核要求：** 经模型评估，当地降雨形成的年径流总量控制率达标。

**考核目标：** 试点区域年径流总量控制率达到 84.8%。

**达标情况：** 通过试点项目实施落地及规划建设管控程序的贯彻执行，有效保障试点区域近、远期年径流总量控制率的达标。在统计项目实际建设落地情况和全面分析试点区域 2017 年、2018 年监测数据结果的基础上，进行充分合理的参数率定和条件输入，利用 SWMM 对试点区域总体、分区及典型地块年径流总量控制率达标性进行分析（图 5-8 和图 5-9）。结果显示，2#汇水分区现状年年径流总量控制率达 88.36%，规划年年径流总量控制率目标 89.40%，均达到片区考核目标（84.8%）。

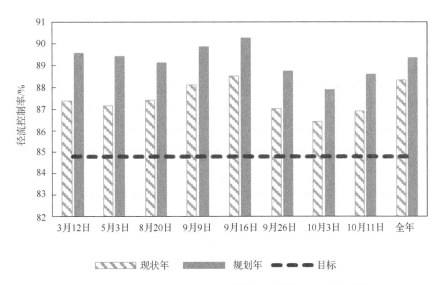

图 5-8　2017 年 2#汇水分区径流控制率现状年和规划年对比图

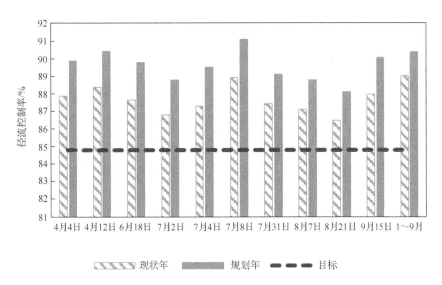

图 5-9　2018 年 2#汇水分区径流控制率现状年和规划年对比图

3. 3#汇水分区（绿廊排水分区）

**考核要求：**经模型评估，当地降雨形成的年径流总量控制率达标。

**考核目标：**试点区域年径流总量控制率达到85.1%。

**达标情况：**通过试点项目实施落地及规划建设管控程序的贯彻执行，有效保障试点区域近、远期年径流总量控制率的达标。在统计项目实际建设落地情况和全面分析试点区域 2017 年、2018 年监测数据结果的基础上，进行了充分合理的参数率定和条件输入，利用 SWMM 对试点区域总体、分区及典型地块年径流总量控制率达标性进行分析（图 5-10 和图 5-11）。结果显示，3#汇水分区现状年年径流总量控制率达 87.76%，规划年年径流总量控制率目标 100%，达到试点考核目标（85.1%）。

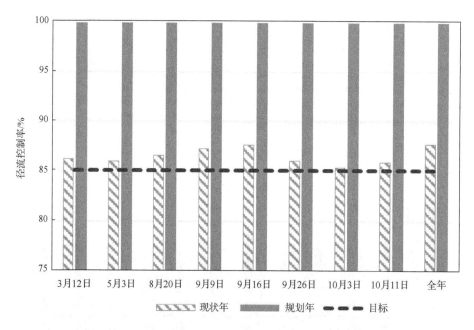

图 5-10　2017 年 3#汇水分区径流控制率现状年和规划年对比图

4. 4#汇水分区（渭河 2#排水分区）

**考核要求：**经模型评估，当地降雨形成的年径流总量控制率达标。

**考核目标：**试点区域年径流总量控制率达到84.8%。

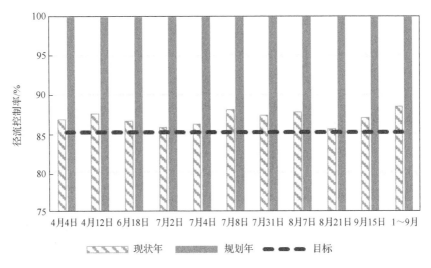

图 5-11　2018 年 3#汇水分区径流控制率现状年和规划年对比图

　　达标情况：通过试点项目实施落地及规划建设管控程序的贯彻执行，有效保障试点区域近、远期年径流总量控制率的达标。在统计项目实际建设落地情况和全面分析试点区域 2017 年、2018 年监测数据结果的基础上，进行充分合理的参数率定和条件输入，利用 SWMM 对试点区域总体、分区及典型地块年径流总量控制率达标性进行分析（图 5-12 和图 5-13）。结果显示，4#汇水分区现状年年径流总量控制率达 85.92%，规划年年径流总量控制率目标 87.61%，达到试点考核目标（84.8%）。

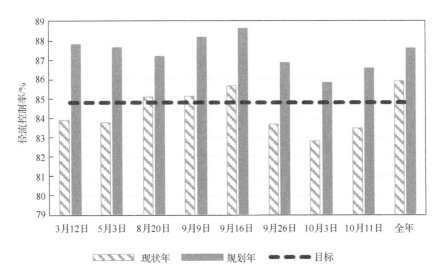

图 5-12　2017 年 4#汇水分区径流控制率现状年和规划年对比图

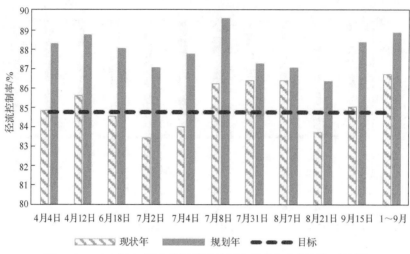

图 5-13　2018 年 4#汇水分区径流控制率现状年和规划年对比图

### 5. 5#汇水分区（沣河 2#排水分区）

**考核要求：** 经模型评估，当地降雨形成的年径流总量控制率达标。

**考核目标：** 试点区域年径流总量控制率达到 85.1%。

**达标情况：** 通过试点项目实施落地及规划建设管控程序的贯彻执行，有效保障试点区域近、远期年径流总量控制率的达标。在统计项目实际建设落地情况和全面分析试点区域 2017 年、2018 年监测数据结果的基础上，进行充分合理的参数率定和条件输入，利用 SWMM 对试点区域总体、分区及典型地块年径流总量控制率达标性进行分析（图 5-14 和图 5-15）。结果显示，5#汇水分区现状年年径流总量控制率达87.10%，规划年年径流总量控制率目标 89.67%，达到试点考核目标（85.1%）。

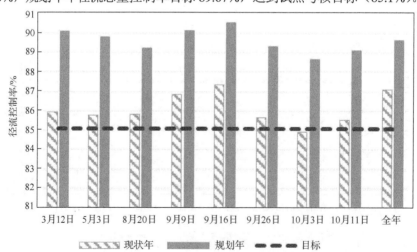

图 5-14　2017 年 5#汇水分区径流控制率现状年和规划年对比图

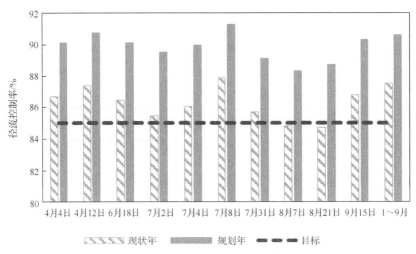

图 5-15　2018 年 5#汇水分区径流控制率现状年和规划年对比图

### 6. 6#汇水分区（白马河排水分区）

考核要求：经模型评估，当地降雨形成的年径流总量控制率达标。

考核目标：试点区域年径流总量控制率达到 84.8%。

达标情况：通过试点项目实施落地及规划建设管控程序的贯彻执行，有效保障试点区域近、远期年径流总量控制率的达标。在统计项目实际建设落地情况和全面分析试点区域 2016 年、2017 年监测数据结果的基础上，进行充分合理的参数率定和条件输入，利用 SWMM 对试点区域总体、分区及典型地块年径流总量控制率达标性进行分析（图 5-16 和图 5-17）。结果显示，6#汇水分区现状年年径流总量控制率达 86.74%，规划年年径流总量控制率目标 89.19%，达到试点考核目标（84.8%）。

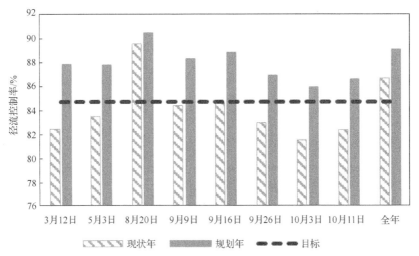

图 5-16　2017 年 6#汇水分区径流控制率现状年和规划年对比图

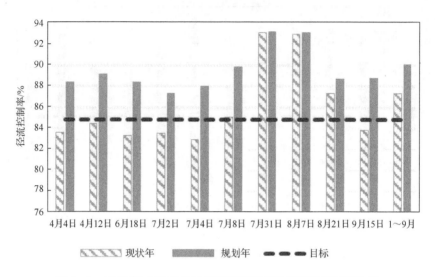

图 5-17　2018 年 6#汇水分区径流控制率现状年和规划年对比图

## 5.3.2　各排水分区设计降雨数值模拟评估

模拟了重现期为 1 年一遇设计降雨和设计日降雨（19.2mm），降雨历时 24h 情况下现状年与规划年各分区的径流控制。24h 设计降雨雨型分布见图 5-18。

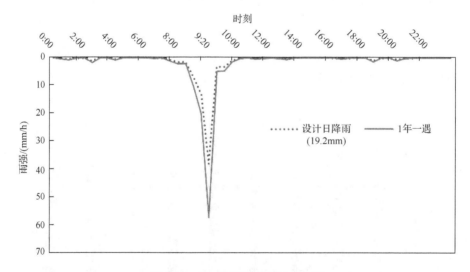

图 5-18　24h 设计降雨雨型分布图

沣西新城海绵城市建设现状年及规划年条件下各分区径流控制率分别见表 5-6 和表 5-7。结果显示，各分区均已满足径流总量控制目标。

表 5-6　沣西新城海绵城市建设现状年设计降雨径流控制率模拟结果

| 区域 | 区域面积 /km² | 设计降雨 | | | | | |
|---|---|---|---|---|---|---|---|
| | | 设计日降雨（19.2mm） | | | 1 年一遇（28.93mm） | | |
| | | 降雨总体积/m³ | 排水量/m³ | 径流控制率 /% | 降雨总体积 /m³ | 排水量/m³ | 径流控制率 /% |
| 1#汇水分区 | 5.22 | 100224 | 13448 | 86.58 | 151015 | 18929 | 87.47 |
| 2#汇水分区 | 6.11 | 117312 | 14781 | 87.40 | 176762 | 23205 | 86.87 |
| 3#汇水分区 | 6.58 | 126336 | 16971 | 86.57 | 190359 | 25689 | 86.51 |
| 4#汇水分区 | 1.71 | 32832 | 4951 | 84.92 | 49470 | 7619 | 84.60 |
| 5#汇水分区 | 0.73 | 14016 | 1932 | 86.22 | 21119 | 3024 | 85.68 |
| 6#汇水分区 | 2.16 | 41472 | 5013 | 87.91 | 62489 | 7124 | 88.60 |

表 5-7　沣西新城海绵城市建设规划年设计降雨径流控制率模拟结果

| 区域 | 区域面积 /km² | 设计降雨 | | | | | |
|---|---|---|---|---|---|---|---|
| | | 设计日降雨（19.2mm） | | | 1 年一遇（28.93mm） | | |
| | | 降雨总体积/m³ | 排水量/m³ | 径流控制率 /% | 降雨总体积 /m³ | 排水量/m³ | 径流控制率 /% |
| 1#汇水分区 | 5.22 | 100224 | 11709 | 88.32 | 151015 | 16741 | 88.91 |
| 2#汇水分区 | 6.11 | 117312 | 12491 | 89.35 | 176762 | 19903 | 88.74 |
| 3#汇水分区 | 6.58 | 126336 | 14301 | 88.68 | 190359 | 0 | 100 |
| 4#汇水分区 | 1.71 | 32832 | 4092 | 87.54 | 49470 | 6423 | 87.02 |
| 5#汇水分区 | 0.73 | 14016 | 1428 | 89.81 | 21119 | 2246 | 89.36 |
| 6#汇水分区 | 2.16 | 41472 | 3981 | 90.40 | 62489 | 5665 | 90.93 |

## 5.4　典型地块年径流总量控制效果数值模拟评估

### 1. 西部云谷科技园

在进行 5 场典型降雨时间模拟的条件下，西部云谷科技园排水径流控制率模拟结果见表 5-8。模拟结果显示，该地块径流控制率均达到且高于考核要求（84.6%）。设计降雨条件下，该地块仍有少量径流外排，径流控制率达到 96.10%。

表 5-8　西部云谷科技园径流控制率模拟结果

| 降雨场次 | 降雨条件 | | | 位置 | 排水量/m³ | 径流控制率/% |
| --- | --- | --- | --- | --- | --- | --- |
| | 降雨量/mm | 历时/h | 重现期/年 | | | |
| 设计降雨 | 18.9 | 3 | 1 | 云谷东 | 23 | 96.10 |
| | | | | 云谷北 | 27 | |
| 2016 年 6 月 2 日 | 10.0 | 9 | 0.5 | 云谷东 | 4 | 98.90 |
| | | | | 云谷北 | 3 | |
| 2016 年 6 月 23 日 | 31.6 | 8 | 2 | 云谷东 | 54 | 94.30 |
| | | | | 云谷北 | 68 | |
| 2016 年 7 月 14 日 | 17.5 | 12 | 0.5 | 云谷东 | 15 | 97.40 |
| | | | | 云谷北 | 16 | |
| 2016 年 7 月 24 日 | 5.4 | 1.5 | 1 | 云谷东 | 0 | 100 |
| | | | | 云谷北 | 0 | |
| 2016 年 8 月 25 日 | 98.2 | 12 | 50 | 云谷东 | 149 | 85.50 |
| | | | | 云谷北 | 504 | |

## 2. 天福和园住宅小区

天福和园住宅小区作为计算年径流总量控制率模型的率定点位，代表性主要体现在以下三个方面：①天福和园住宅小区为沣西新城示范区内新建典型小区，小区内 LID 设施类别完善，包括蓄水模块、雨水花园、生态滞留设施、植草沟、渗透铺装等，并有常规管网设施，灰绿措施齐全；②天福和园住宅小区有系统完善的监测设备，包括小型气象站和排水管网水位流量监测仪，监测数据完备，可为模型率定奠定坚实的数据基础；③天福和园住宅小区面积约 $53600m^2$，尺度适中，可适用于模型参数率定。综上，该小区具有代表性，可作为模拟计算沣西新城年径流总量控制率的有效率定点位。

2017～2018 年对典型地块天福和园住宅小区雨水外排进行了监测，监测场次 3 场，对天福和园住宅小区进行实际降雨监测分析（天福和园住宅 8 场），分析各场次降雨条件下地块径流外排及控制情况（表 5-9）。结果表明，2 年一遇以下降雨，已进行海绵改造的天福和园住宅小区及西部云谷科技园降雨径流控制率均达到 85%以上，达到考核要求（表 5-10 和表 5-11），各地块均无溢流外排情况产生，超标雨水年溢流外排总量占年均降雨总量的 15%左右。模拟结果显示，该典型地块 2017 年全年、2018 年 1～9 月降雨条件下径流控制率为 85.62%和 85.66%，达到目标要求（85%）。

表 5-9　天福和园住宅小区各场次降雨监测情况径流控制率

| 降雨场次 | 降雨量/mm | 面积/m² | 总降雨体积/m³ | 排水量/m³ | 径流控制率/% |
|---|---|---|---|---|---|
| 2017 年 8 月 20 日 | 13.4 | | 718.24 | 92.66 | 87.10 |
| 2017 年 9 月 9 日 | 16.0 | | 857.60 | 118.59 | 86.17 |
| 2017 年 9 月 26 日 | 33.0 | | 1768.80 | 381.38 | 78.44 |
| 2018 年 6 月 18 日 | 22.6 | 53600 | 1211.36 | 168.50 | 86.09 |
| 2018 年 7 月 2 日 | 38.4 | | 2058.24 | 479.74 | 76.69 |
| 2018 年 7 月 8 日 | 22.4 | | 1307.84 | 309.87 | 76.31 |
| 2018 年 8 月 21 日 | 41.8 | | 2240.48 | 480.98 | 78.53 |
| 2018 年 9 月 15 日 | 18.8 | | 1007.68 | 125.69 | 87.53 |

表 5-10　2017 年天福和园住宅小区各场次降雨模拟径流控制率

| 降雨日期 | 降雨量/mm | 降雨总体积/m³ | 排水量/m³ | 径流控制率/% |
|---|---|---|---|---|
| 3 月 12 日 | 38.6 | 2068.96 | 296 | 85.69 |
| 5 月 3 日 | 22.8 | 1222.08 | 166 | 86.42 |
| 8 月 20 日 | 13.4 | 718.24 | 92 | 87.19 |
| 9 月 9 日 | 16.0 | 857.60 | 114 | 86.71 |
| 9 月 16 日 | 11.4 | 611.04 | 75 | 87.73 |
| 9 月 26 日 | 33.0 | 1768.80 | 254 | 85.64 |
| 10 月 3 日 | 54.2 | 2905.12 | 373 | 87.16 |
| 10 月 11 日 | 23.6 | 1264.96 | 176 | 86.09 |
| 全年 | 605.2 | 32438.72 | 5013 | 85.62 |

表 5-11　2018 年天福和园住宅小区各场次降雨模拟径流控制率

| 降雨日期 | 降雨量/mm | 降雨总体积/m³ | 排水量/m³ | 径流控制率/% |
|---|---|---|---|---|
| 4 月 4 日 | 14.8 | 793.3 | 96 | 87.90 |
| 4 月 12 日 | 20.6 | 1104.2 | 141 | 87.23 |
| 6 月 18 日 | 22.6 | 1211.4 | 156 | 87.12 |
| 7 月 2 日 | 38.4 | 2058.2 | 277 | 86.54 |
| 7 月 4 日 | 28.8 | 1543.7 | 203 | 86.85 |
| 7 月 8 日 | 22.4 | 1200.6 | 154 | 87.17 |
| 7 月 31 日 | 18.0 | 964.8 | 123 | 87.25 |
| 8 月 7 日 | 15.6 | 836.2 | 104 | 87.56 |
| 8 月 21 日 | 41.8 | 2240.5 | 307 | 86.30 |
| 9 月 15 日 | 18.8 | 1007.7 | 127 | 87.40 |
| 1～9 月 | 438.2 | 23487.5 | 3368 | 85.66 |

　　本章主要介绍了年径流总量控制效果数值模拟及对应评估方法。针对西咸新区沣西新城海绵城市考核要求，构建数值模型，对其建设前后年径流总量控制率效果进行评估分析，并针对各区块区域具体情况，对全区域及对应各排水分区制定相应考核目标。另外，对于西咸新区部分典型地块，也进行针对性模拟评估。结果表明，部分区域建设前未达标，但现状情况下各区域均优于试点考核目标，其结果对于后续海绵城市建设效果模拟分析具有一定参考价值。

## 参 考 文 献

[1] 李俊奇, 王文亮, 车伍, 等. 海绵城市建设指南解读之降雨径流总量控制目标区域划分[J]. 中国给水排水, 2015, 31(8): 6-12.

[2] 陈晓燕, 张娜, 吴芳芳, 等. 雨洪管理模型 SWMM 的原理、参数和应用[J]. 中国给水排水, 2013, 29(4): 4-7.

[3] 董欣, 杜鹏飞, 李志一, 等. SWMM 模型在城市不透水区地表径流模拟中的参数识别与验证[J]. 环境科学, 2008(6): 1495-1501.

[4] 黄金良, 杜鹏飞, 何万谦, 等. 城市降雨径流模型的参数局部灵敏度分析[J]. 中国环境科学, 2007(4): 549-553.

# 第6章 面源污染物削减效果数值模拟评估

## 6.1 考核要求及模拟任务

海绵城市，国际通用术语又称为"低影响开发雨水系统构建"[1]，即通过建立低影响开发雨水系统达到下雨时吸水、蓄水、渗水、净水的目的，在需要时将蓄存的水"释放"并加以利用[2-5]，其根本目的是尽可能减少雨水排放量，通过一系列的海绵措施控制雨水留在当地，同时有效预防内涝灾害发生[6-7]。大量资料显示，城市雨水径流不仅带来了大量水文方面的问题，还带来了很多重度污染的非点源污染问题[8]，径流污染控制也是海绵城市建设的重要目标[9]。根据《陕西省西咸新区海绵城市建设试点三年实施计划》，西咸新区海绵城市建设试点区域建设目标自上而下分为总体建设目标、水资源目标、水环境目标、水生态目标、水安全目标等。其中，在考虑试点区域沣西新城核心区降雨特征、土壤性质、建筑密度等因素的情况下，结合已有规划和研究，确定试点区域 SS 削减率为 60%、COD 削减率为 50%、TP 削减率为 40%的目标。

本章主要介绍在城市面源污染控制成效的监测基础上，使用模型模拟的方法来进行辅助性评估海绵城市建设效果。使用 SWMM 在不同重现期设计降雨和实测短历时降雨条件下，对试点区域、各汇水分区和典型地区现状工况与规划工况的面源污染削减率分别进行模拟。判断现状工况下试点总区域、各汇水分区、典型地区污染物削减率的达标情况，分析预测规划工况最终的污染物削减率。

## 6.2 试点区域总体面源污染物削减率模拟评估

### 6.2.1 实测降雨面源污染物削减率模拟评估

结合试点区域内现状年建设情况、实测降雨资料、单项措施及地块面源污染监测结果，采用 SWMM 模拟分析整体试点区域面源污染物削减情况。结果表明，整体试点区域现状年（2017 年）SS 削减率为 81.14%，COD 削减率为 81.20%，TP 削减率为 76.36%，优于规划目标要求（SS 削减率 60%，COD 削减率 50%，TP 削减率 40%）。规划年，整体试点区域将达到 SS 削减率为 86.89%，COD 削减率为 86.19%，TP 削减率为 84.12%，远超既定的规划目标要求。2017 年整体试点区域污染物削减率现状年和规划年对比见图 6-1。

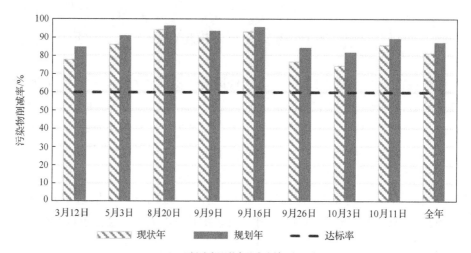

（a）SS削减率现状年和规划年对比图

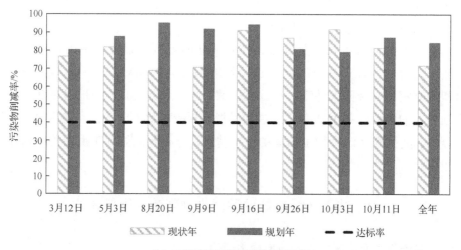

（b）TP削减率现状年和规划年对比图

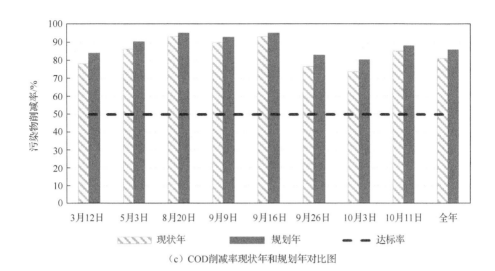

（c）COD削减率现状年和规划年对比图

图 6-1　2017 年整体试点区域污染物削减率现状年和规划年对比图

整体试点区域现状年（2018 年）SS 削减率为 76.85%，COD 削减率为 76.86%，TP 削减率为 73.40%，优于规划目标要求。规划年，整体试点区域将达到 SS 削减率为 87.59%，COD 削减率为 86.80%，TP 削减率为 85.37%，远超既定的规划目标要求。2018 年整体试点区域污染物削减率现状年和规划年对比见图 6-2。

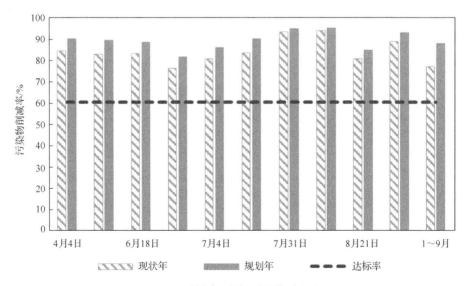

（a）SS削减率现状年和规划年对比图

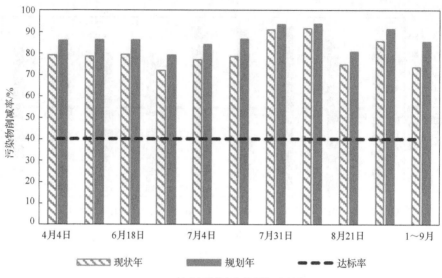

（b）TP削减率现状年和规划年对比图

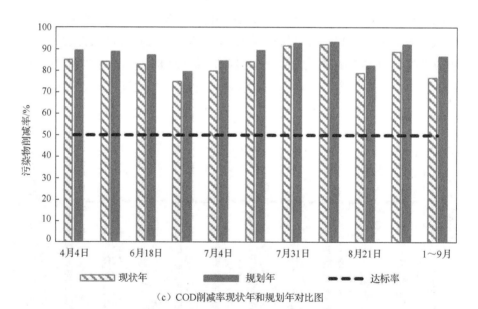

（c）COD削减率现状年和规划年对比图

图 6-2　2018 年整体试点区域污染物削减率现状年和规划年对比图

## 6.2.2　设计降雨面源污染物削减率模拟评估

结合试点区域内现状年建设情况、实测降雨资料、单项措施及地块面源污染监测结果，采用模型模拟了重现期为 1 年一遇设计降雨和设计日降雨（19.2mm），降雨历时 24h 情况下现状年与规划年整体区域的面源污染控制率。结果表明，在设计日降雨（19.2mm）条件下，海绵城市现状年 SS 削减率为 89.48%，规划年 SS 削减率为 93.89%，均达到考核目标要求（SS 削减率为 60%），再次印证了沣西新城海绵城市在面源污染物防治方面可实现预期效果。该设计降雨条件下现状年及规划年整体区域模拟结果分别见表 6-1 和表 6-2。

表 6-1　整体区域设计降雨下海绵城市现状年面源污染控制模拟结果

| 污染物种类 | 设计降雨 | | | | | |
| | 设计日降雨（19.2mm） | | | 1 年一遇（28.93mm） | | |
| | 累计增长量/kg | 排水量/kg | 污染物削减率/% | 累计增长量/kg | 排水量/kg | 污染物削减率/% |
| --- | --- | --- | --- | --- | --- | --- |
| SS | 80544.33 | 8469.45 | 89.48 | 80374.72 | 11497.18 | 85.70 |
| COD | 67095.03 | 6450.12 | 90.39 | 67336.34 | 9189.46 | 86.35 |
| TP | 6599.02 | 781.65 | 88.16 | 6586.91 | 1037.03 | 84.26 |

表 6-2　整体区域设计降雨下海绵城市规划年面源污染控制模拟结果

| 污染物种类 | 设计降雨 | | | | | |
| | 设计日降雨（19.2mm） | | | 1 年一遇（28.93mm） | | |
| | 累计增长量/kg | 排水量/kg | 污染物削减率/% | 累计增长量/kg | 排水量/kg | 污染物削减率/% |
| --- | --- | --- | --- | --- | --- | --- |
| SS | 71845.59 | 4388.80 | 93.89 | 70714.07 | 7001.94 | 90.10 |
| COD | 60487.13 | 3908.29 | 93.54 | 59564.56 | 6168.67 | 89.64 |
| TP | 5707.06 | 356.16 | 93.76 | 5530.66 | 545.17 | 90.14 |

## 6.3　各汇水分区总体面源污染物削减率模拟评估

### 6.3.1　实测降雨面源污染物削减率模拟评估

在 6 个汇水分区中，模型在 2017 年 8 场实测降雨、2018 年 10 场实测降雨、2017 年全年长序列降雨及 2018 年 1~9 月长序列降雨条件下模拟现状年（2018 年）和规划年（2020 年），各汇水分区全年长序列降雨面源污染物削减率模拟结果依次为：在海绵城市建设现状情况下，1#汇水分区 SS 削减率为 80.29%、COD 削减率为 79.54%、TP 削减率为 74.84%；2#汇水分区 SS 削减率为 80.36%、COD 削减率为 81.54%、TP 削减率为 75.18%；3#汇水分区 SS 削减率为 81.15%、COD 削减率为 81.23%、TP 削减率为 75.52%；4#汇水分区 SS 削减率为 83.86%、COD 削减率为 83.19%、TP 削减率为 81.83%；5#汇水分区 SS 削减率为 82.54%、

COD 削减率为 81.84%、TP 削减率为 76.95%；6#汇水分区 SS 削减率为 82.75%、COD 削减率为 82.32%、TP 削减率为 81.40%。结果均优于考核目标要求（SS 削减率 60%，COD 削减率 50%，TP 削减率 40%）。2020 年规划年情况下，1#汇水分区 SS 削减率为 86.29%、COD 削减率为 84.89%、TP 削减率为 83.06%；2#汇水分区 SS 削减率为 85.85%、COD 削减率为 86.14%、TP 削减率为 82.62%；3#汇水分区 SS 削减率为 100%、COD 削减率为 100%、TP 削减率为 100%；4#汇水分区 SS 削减率为 88.76%、COD 削减率为 87.70%、TP 削减率为 87.98%；5#汇水分区 SS 削减率为 88.77%、COD 削减率为 87.74%、TP 削减率为 85.21%；6#汇水分区 SS 削减率为 88.72%、COD 削减率为 87.84%、TP 削减率为 88.42%。结果均远超考核目标要求。典型地块天福和园住宅小区 2017 年单场次降雨及全年长序列降雨条件下，污染物削减率（主要为 SS 削减率）模拟结果显示，SS 削减率为 67.04%～98.14%，均可达到目标要求（60%）。

1. 1#汇水分区（新河 4#排水分区）

结合试点区域内现状年建设情况、实测降雨资料、单项措施及地块面源污染监测结果，采用模型模拟分析 1#汇水分区面源污染物削减情况。结果表明，在 2017 年全年实测降雨条件下，1#汇水分区在海绵城市建设现状年 SS 削减率为 80.29%、COD 削减率为 79.54%、TP 削减率为 74.84%。规划年 SS 削减率为 86.29%、COD 削减率为 84.89%、TP 削减率为 83.06%，均达到考核目标要求。2017 年 1#汇水分区污染物削减率现状年和规划年对比见图 6-3。

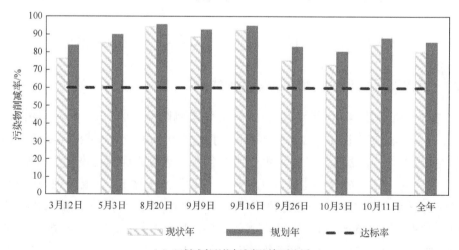

（a）SS 削减率现状年和规划年对比图

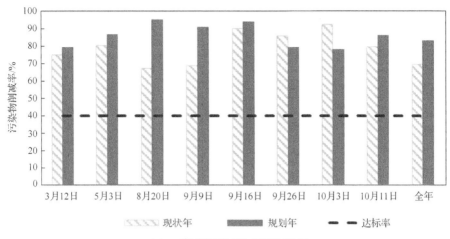

（b）TP削减率现状年和规划年对比图

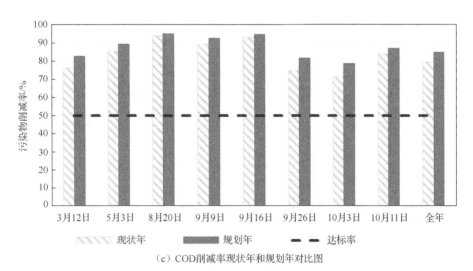

（c）COD削减率现状年和规划年对比图

图 6-3　2017 年 1#汇水分区污染物削减现状年和规划年对比图

在 2018 年 1～9 月实测降雨条件下，1#汇水分区在海绵城市建设现状年 SS 削减率为 76.56%、COD 削减率为 76.04%、TP 削减率为 72.76%。规划年 SS 削减率为 87.00%、COD 削减率为 85.68%、TP 削减率为 84.33%，均达到考核目标要求。2018 年 1#汇水分区污染物削减率现状年和规划年对比见图 6-4。

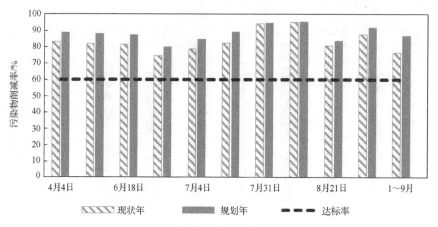

（a）SS削减率现状年和规划年对比图

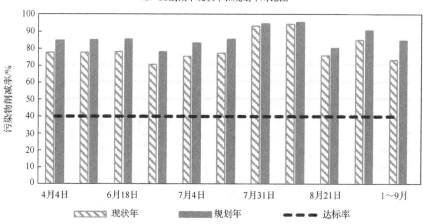

（b）TP削减率现状年和规划年对比图

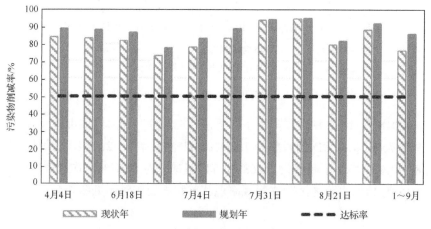

（c）COD削减率现状年和规划年对比图

图 6-4　2018 年 1#汇水分区污染物削减率现状年和规划年对比图

### 2.　2#汇水分区（渭河 1#排水分区）

结合试点区域内现状年建设情况、实测降雨资料、单项措施及地块面源污染监测结果，采用模型模拟分析 2#汇水分区面源污染物削减情况。结果表明，在 2017 年全年实测降雨条件下，2#汇水分区在海绵城市建设现状年 SS 削减率为 80.36%、COD 削减率为 81.54%、TP 削减率为 75.18%。2017 年规划年 2#汇水分区 SS 削减率为 85.85%、COD 削减率为 86.14%、TP 削减率为 82.62%，均达到考核目标要求。2017 年 2#汇水分区污染物削减率现状年和规划年对比见图 6-5。

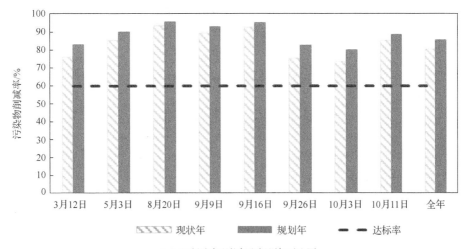

（a）SS削减率现状年和规划年对比图

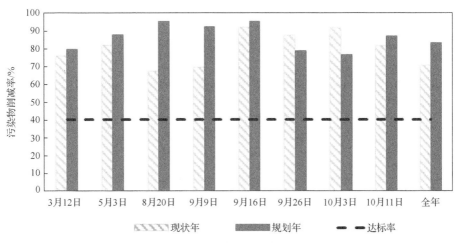

（b）TP削减率现状年和规划年对比图

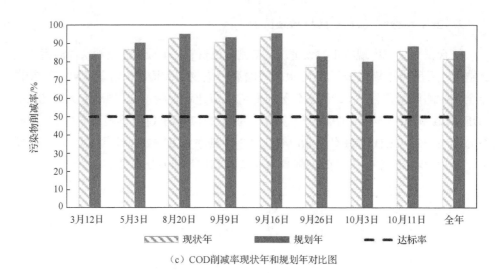

（c）COD削减率现状年和规划年对比图

图 6-5　2017 年 2#汇水分区污染物削减率现状年和规划年对比图

在 2018 年 1~9 月实测降雨条件下，2#汇水分区在海绵城市建设现状年 SS 削减率为 76.19%、COD 削减率为 76.99%、TP 削减率为 72.31%。规划年 2#汇水分区 SS 削减率为 86.80%、COD 削减率为 86.77%、TP 削减率为 84.16%，均达到考核目标要求。2018 年 2#汇水分区污染物削减率现状年和规划年对比见图 6-6。

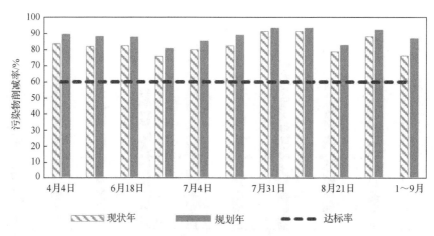

（a）SS削减率现状年和规划年对比图

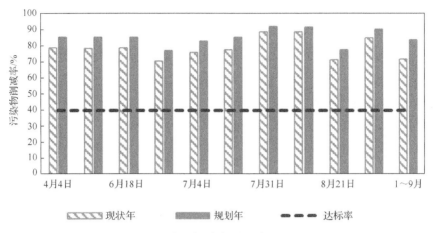

（b）TP削减率现状年和规划年对比图

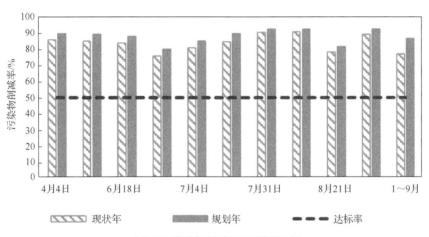

（c）COD削减率现状年和规划年对比图

图 6-6　2018 年 2#汇水分区污染物削减率现状年和规划年对比图

## 3. 3#汇水分区（绿廊排水分区）

结合试点区域内现状年建设情况、实测降雨资料、单项措施及地块面源污染监测结果，采用模型模拟分析 3#汇水分区面源污染物削减情况。结果表明，在 2017 年全年实测降雨条件下，3#汇水分区在海绵城市建设现状年 SS 削减率为 81.15%、COD 削减率为 81.23%、TP 削减率为 75.52%。规划年 SS、COD、TP 削减率均为 100%，达到考核目标要求。2017 年 3#汇水分区污染物削减率现状年和规划年对比见图 6-7。

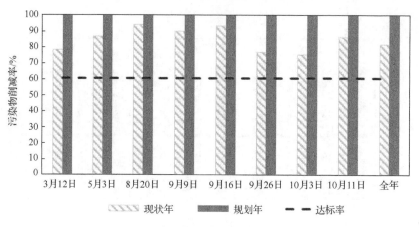

（a）SS削减率现状年和规划年对比图

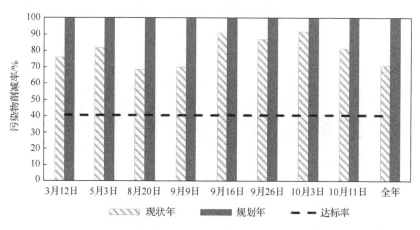

（b）TP削减率现状年和规划年对比图

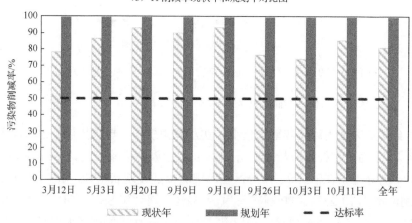

（c）COD削减率现状年和规划年对比图

图 6-7　2017 年 3#汇水分区污染物削减率现状年和规划年对比图

在 2018 年 1～9 月实测降雨条件下，3#汇水分区在海绵城市建设现状年 SS 削减率为 76.53%、COD 削减率为 76.54%、TP 削减率为 72.47%。规划年 SS 削减率、COD 削减率、TP 削减率均为 100%，均达到考核目标要求。2018 年 3#汇水分区污染物削减率现状年和规划年对比见图 6-8。

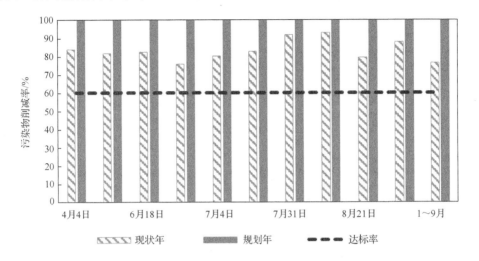

（a）SS削减率现状年和规划年对比图

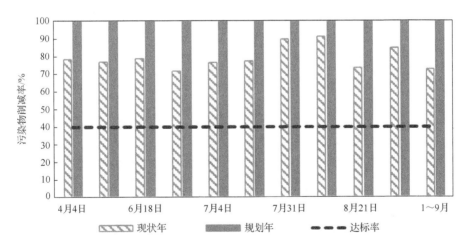

（b）TP削减率现状年和规划年对比图

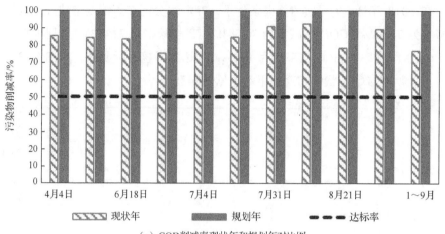

（c）COD削减率现状年和规划年对比图

图 6-8　2018 年 3#汇水分区污染物削减率现状年和规划年对比图

## 4. 4#汇水分区（渭河 2#排水分区）

结合试点区域内现状建设情况、实测降雨资料、单项措施及地块面源污染监测结果，采用模型模拟分析 4#汇水分区面源污染物削减情况。结果表明，在 2017 年全年实测降雨条件下，4#汇水分区在海绵城市建设现状年 SS 削减率为 83.86%、COD 削减率为 83.19%、TP 削减率为 81.83%。规划年 4#汇水分区 SS 削减率为 88.76%、COD 削减率为 87.70%、TP 削减率为 87.98%，均达到考核目标要求。2017 年 4#汇水分区污染物削减率现状年和规划年对比见图 6-9。

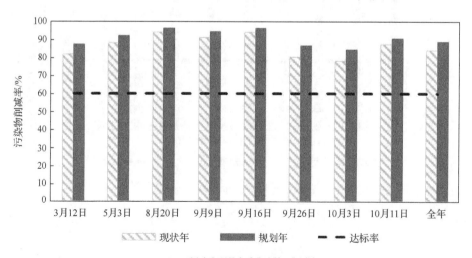

（a）SS削减率现状年和规划年对比图

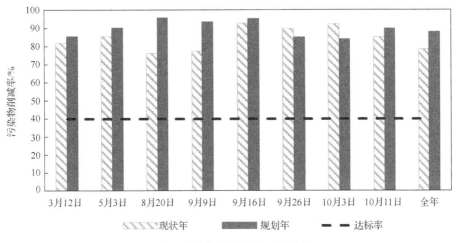

（b）TP削减率现状年和规划年对比图

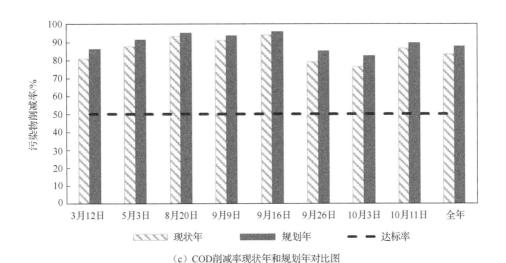

（c）COD削减率现状年和规划年对比图

图 6-9　2017 年 4#汇水分区污染物削减率现状年和规划年对比图

在 2018 年 1～9 月实测降雨条件下，4#汇水分区在海绵城市建设现状年 SS 削减率为 78.61%、COD 削减率为 77.95%、TP 削减率为 77.15%。规划年 4#分区 SS 削减率为 88.78%、COD 削减率为 87.63%、TP 削减率为 88.15%，均达到考核目标要求。2018 年 4#汇水分区污染物削减率现状年和规划年对比见图 6-10。

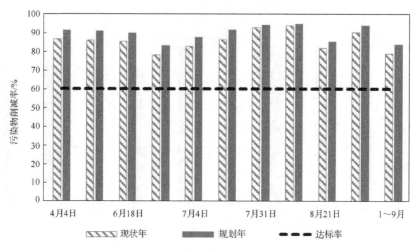

（a）SS削减率现状年和规划年对比图

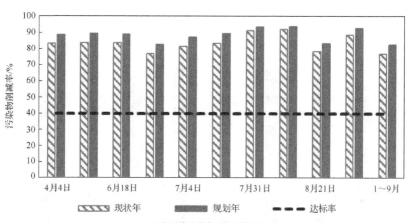

（b）TP削减率现状年和规划年对比图

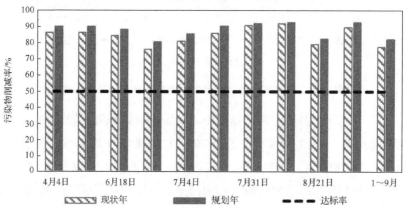

（c）COD削减率现状年和规划年对比图

图 6-10　2018 年 4#汇水分区污染物削减率现状年和规划年对比图

### 5. 5#汇水分区（沣河 2#排水分区）

结合试点区域内现状年建设情况、实测降雨资料、单项措施及地块面源污染监测结果，采用模型模拟分析 5#汇水分区面源污染物削减情况。结果表明，在 2017 年全年实测降雨条件下，5#汇水分区在海绵城市建设现状年 SS 削减率为 82.54%、COD 削减率为 81.84%、TP 削减率为 76.95%。规划年 SS 削减率为 88.77%、COD 削减率为 87.74%、TP 削减率为 85.21%，均达到考核目标要求。2017 年 5#汇水分区污染物削减率现状年和规划年对比见图 6-11。

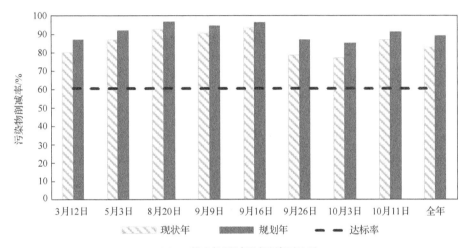

（a）SS削减率现状年和规划年对比图

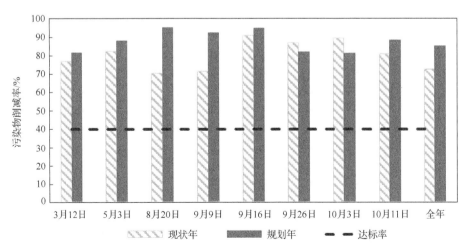

（b）TP削减率现状年和规划年对比图

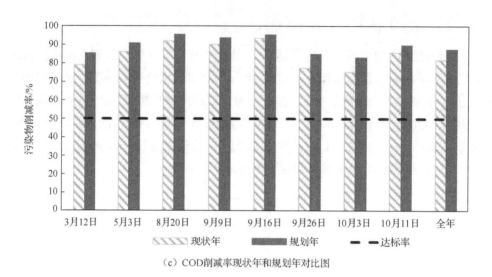

（c）COD削减率现状年和规划年对比图

图 6-11　2017 年 5#汇水分区污染物削减率现状年和规划年对比图

在 2018 年 1~9 月实测降雨条件下，5#汇水分区在海绵城市建设现状年 SS 削减率为 77.25%、COD 削减率为 76.63%、TP 削减率为 72.67%。规划年 SS 削减率为 88.98%、COD 削减率为 87.94%、TP 削减率为 85.82%，均达到考核目标要求。2018 年 5#汇水分区污染物削减率现状年和规划年对比见图 6-12。

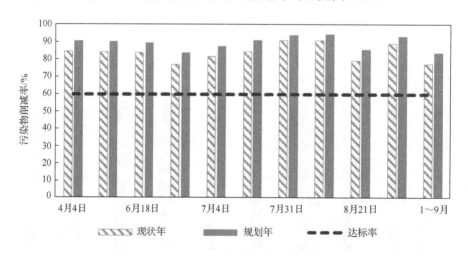

（a）SS削减率现状年和规划年对比图

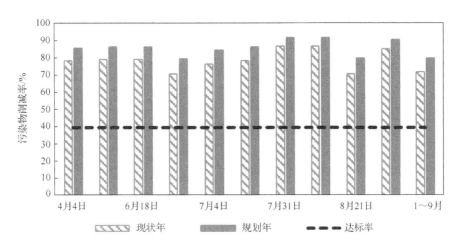

（b）TP削减率现状年和规划年对比图

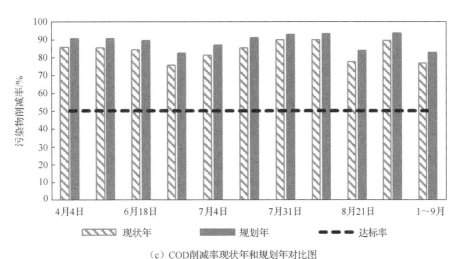

（c）COD削减率现状年和规划年对比图

图 6-12　2018 年 5#汇水分区污染物削减率现状年和规划年对比图

### 6. 6#汇水分区（白马河排水分区）

结合试点区域内现状年建设情况、实测降雨资料、单项措施及地块面源污染监测结果，采用模型模拟分析 6#汇水分区面源污染物削减情况。结果表明，在 2017 年全年实测降雨条件下，6#汇水分区在海绵城市建设现状年 SS 削减率为 82.75%、COD 削减率为 82.32%、TP 削减率为 81.40%。规划年 SS 削减率为 88.72%、COD 削减率为 87.84%、TP 削减率为 88.42%，均达到考核目标要求。2017 年 6#汇水分区污染物削减率现状年和规划年对比见图 6-13。

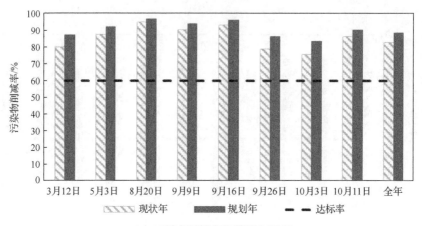

（a）SS削减率现状年和规划年对比图

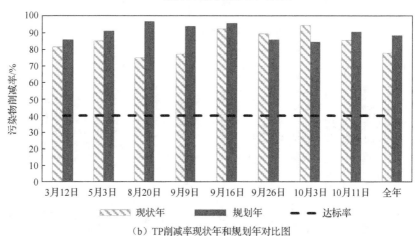

（b）TP削减率现状年和规划年对比图

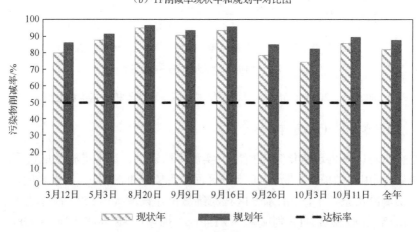

（c）COD削减率现状年和规划年对比图

图 6-13　2017 年 6#汇水分区污染物削减率现状年和规划年对比图

在 2018 年 1～9 月实测降雨条件下，6#汇水分区在海绵城市建设现状年 SS 削减率为 78.87%、COD 削减率为 78.65%、TP 削减率为 78.18%。规划年 SS 削减率为 89.67%、COD 削减率为 88.85%、TP 削减率为 89.59%，均达到考核目标要求。2018 年 6#汇水分区污染物削减率现状年和规划年对比见图 6-14。

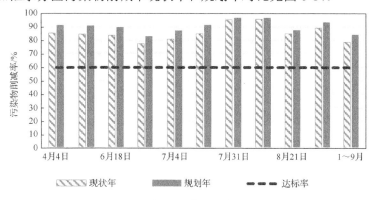

（a）SS削减率现状年和规划年对比图

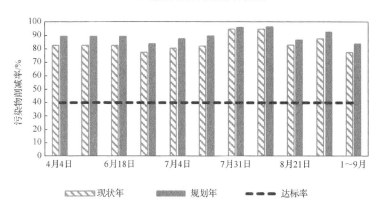

（b）TP削减率现状年和规划年对比图

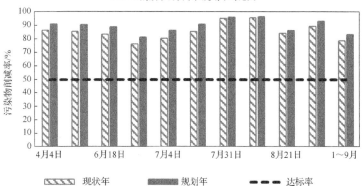

（c）COD削减率现状年和规划年对比图

图 6-14　2018 年 6#汇水分区污染物削减率现状年和规划年对比图

## 6.3.2　设计降雨面源污染物削减率模拟评估

结合试点区域内现状年建设情况、实测降雨资料、单项措施及地块面源污染监测结果，采用数值模型模拟了重现期为 1 年一遇设计降雨和设计日降雨（19.2mm），降雨历时 24h 情况下调整前后各分区的面源污染控制率。结果表明，在设计日降雨（19.2mm）条件下，海绵城市现状年 SS 削减率为 89.95%，规划年 SS 削减率为 94.23%，均达到考核目标要求（SS 削减率为 60%），再次印证了沣西新城海绵城市在面源污染物防治方面可实现预期效果。该降雨条件下现状年及规划年各汇水分区模拟结果分别见表 6-3～表 6-14。

表 6-3　1#汇水分区海绵城市现状年条件下面源污染主要指标模拟结果

| 污染物种类 | 设计降雨 | | | | | |
| --- | --- | --- | --- | --- | --- | --- |
| | 设计日降雨（19.2mm） | | | 1 年一遇（28.93mm） | | |
| | 累计增长量/kg | 排水量/kg | 污染物削减率/% | 累计增长量/kg | 排水量/kg | 污染物削减率/% |
| SS | 18677.98 | 1960.52 | 89.50 | 18638.65 | 2565.82 | 86.23 |
| COD | 15559.13 | 1512.79 | 90.28 | 15615.09 | 2060.76 | 86.80 |
| TP | 1530.29 | 181.49 | 88.14 | 1527.48 | 236.06 | 84.55 |

表 6-4　2#汇水分区海绵城市现状年条件下面源污染主要指标模拟结果

| 污染物种类 | 设计降雨 | | | | | |
| --- | --- | --- | --- | --- | --- | --- |
| | 设计日降雨（19.2mm） | | | 1 年一遇（28.93mm） | | |
| | 累计增长量/kg | 排水量/kg | 污染物削减率/% | 累计增长量/kg | 排水量/kg | 污染物削减率/% |
| SS | 21862.54 | 2325.02 | 89.37 | 21816.51 | 3265.86 | 85.03 |
| COD | 18211.93 | 1737.21 | 90.46 | 18277.43 | 2562.02 | 85.98 |
| TP | 1791.21 | 216.45 | 87.92 | 1787.92 | 296.35 | 83.43 |

表 6-5　3#汇水分区海绵城市现状年条件下面源污染主要指标模拟结果

| 污染物种类 | 设计降雨 | | | | | |
| --- | --- | --- | --- | --- | --- | --- |
| | 设计日降雨（19.2mm） | | | 1 年一遇（28.93mm） | | |
| | 累计增长量/kg | 排水量/kg | 污染物削减率/% | 累计增长量/kg | 排水量/kg | 污染物削减率/% |
| SS | 23544.28 | 2708.97 | 88.49 | 23494.70 | 3621.62 | 84.59 |
| COD | 19612.85 | 2037.09 | 89.61 | 19683.39 | 2884.52 | 85.35 |
| TP | 1928.99 | 258.78 | 86.58 | 1925.45 | 335.96 | 82.55 |

表 6-6　4#汇水分区海绵城市现状年条件下面源污染主要指标模拟结果

| 污染物种类 | 设计降雨 | | | | | |
|---|---|---|---|---|---|---|
| | 设计日降雨（19.2mm） | | | 1 年一遇（28.93mm） | | |
| | 累计增长量/kg | 排水量/kg | 污染物削减率/% | 累计增长量/kg | 排水量/kg | 污染物削减率/% |
| SS | 6118.65 | 566.09 | 90.75 | 6105.77 | 804.16 | 86.83 |
| COD | 5096.96 | 459.78 | 90.98 | 5115.29 | 680.74 | 86.69 |
| TP | 501.30 | 46.76 | 90.67 | 500.38 | 63.98 | 87.21 |

表 6-7　5#汇水分区海绵城市现状年条件下面源污染主要指标模拟结果

| 污染物种类 | 设计降雨 | | | | | |
|---|---|---|---|---|---|---|
| | 设计日降雨（19.2mm） | | | 1 年一遇（28.93mm） | | |
| | 累计增长量/kg | 排水量/kg | 污染物削减率/% | 累计增长量/kg | 排水量/kg | 污染物削减率/% |
| SS | 2612.06 | 262.38 | 89.96 | 2606.55 | 372.57 | 85.71 |
| COD | 2175.89 | 209.90 | 90.35 | 2183.72 | 311.52 | 85.73 |
| TP | 214.01 | 25.02 | 88.31 | 213.61 | 34.47 | 83.86 |

表 6-8　6#汇水分区海绵城市现状年条件下面源污染主要指标模拟结果

| 污染物种类 | 设计降雨 | | | | | |
|---|---|---|---|---|---|---|
| | 设计日降雨（19.2mm） | | | 1 年一遇（28.93mm） | | |
| | 累计增长量/kg | 排水量/kg | 污染物削减率/% | 累计增长量/kg | 排水量/kg | 污染物削减率/% |
| SS | 7728.82 | 646.47 | 91.64 | 6130.34 | 932.99 | 84.78 |
| COD | 6438.26 | 493.35 | 92.34 | 5140.80 | 732.62 | 85.75 |
| TP | 633.22 | 53.16 | 91.61 | 408.99 | 72.13 | 82.36 |

表 6-9　1#汇水分区海绵城市规划年条件下面源污染主要指标模拟结果

| 污染物种类 | 设计降雨 | | | | | |
|---|---|---|---|---|---|---|
| | 设计日降雨（19.2mm） | | | 1 年一遇（28.93mm） | | |
| | 累计增长量/kg | 排水量/kg | 污染物削减率/% | 累计增长量/kg | 排水量/kg | 污染物削减率/% |
| SS | 16660.77 | 1066.67 | 93.60 | 16398.37 | 1602.81 | 90.23 |
| COD | 14026.78 | 965.60 | 93.12 | 13812.84 | 1431.16 | 89.64 |
| TP | 1323.45 | 88.61 | 93.30 | 1282.54 | 129.07 | 89.94 |

表 6-10  2#汇水分区海绵城市规划年条件下面源污染主要指标模拟结果

| 污染物种类 | 设计降雨 | | | | | |
|---|---|---|---|---|---|---|
| | 设计日降雨（19.2mm） | | | 1 年一遇（28.93mm） | | |
| | 累计增长量/kg | 排水量/kg | 污染物削减率/% | 累计增长量/kg | 排水量/kg | 污染物削减率/% |
| SS | 19501.40 | 1264.65 | 93.52 | 19194.27 | 2014.51 | 89.50 |
| COD | 16418.32 | 1077.94 | 93.43 | 16167.90 | 1727.70 | 89.31 |
| TP | 1549.09 | 105.17 | 93.21 | 1501.21 | 159.65 | 89.37 |

表 6-11  3#汇水分区海绵城市规划年条件下面源污染主要指标模拟结果

| 污染物种类 | 设计降雨 | | | | | |
|---|---|---|---|---|---|---|
| | 设计日降雨（19.2mm） | | | 1 年一遇（28.93mm） | | |
| | 累计增长量/kg | 排水量/kg | 污染物削减率/% | 累计增长量/kg | 排水量/kg | 污染物削减率/% |
| SS | 21001.51 | 1302.53 | 93.80 | 20670.75 | 2169.02 | 89.51 |
| COD | 17681.27 | 1179.15 | 93.33 | 17411.58 | 1923.55 | 88.95 |
| TP | 1668.26 | 106.86 | 93.59 | 1616.69 | 170.48 | 89.45 |

表 6-12  4#汇水分区海绵城市规划年条件下面源污染主要指标模拟结果

| 污染物种类 | 设计降雨 | | | | | |
|---|---|---|---|---|---|---|
| | 设计日降雨（19.2mm） | | | 1 年一遇（28.93mm） | | |
| | 累计增长量/kg | 排水量/kg | 污染物削减率/% | 累计增长量/kg | 排水量/kg | 污染物削减率/% |
| SS | 5457.84 | 312.54 | 94.27 | 5371.88 | 513.69 | 90.44 |
| COD | 4594.98 | 288.24 | 93.73 | 4524.90 | 468.45 | 89.65 |
| TP | 433.54 | 22.20 | 94.88 | 420.14 | 34.57 | 91.77 |

表 6-13  5#汇水分区海绵城市规划年条件下面源污染主要指标模拟结果

| 污染物种类 | 设计降雨 | | | | | |
|---|---|---|---|---|---|---|
| | 设计日降雨（19.2mm） | | | 1 年一遇（28.93mm） | | |
| | 累计增长量/kg | 排水量/kg | 污染物削减率/% | 累计增长量/kg | 排水量/kg | 污染物削减率/% |
| SS | 2329.95 | 119.72 | 94.86 | 2293.26 | 204.48 | 91.08 |
| COD | 1961.60 | 111.76 | 94.30 | 1931.68 | 184.67 | 90.44 |
| TP | 185.08 | 10.45 | 94.36 | 179.36 | 16.80 | 90.63 |

表 6-14　6#汇水分区海绵城市规划年条件下面源污染主要指标模拟结果

| 污染物种类 | 设计降雨 | | | | | |
|---|---|---|---|---|---|---|
| | 设计日降雨（19.2mm） | | | 1 年一遇（28.93mm） | | |
| | 累计增长量/kg | 排水量/kg | 污染物削减率/% | 累计增长量/kg | 排水量/kg | 污染物削减率/% |
| SS | 6894.11 | 322.69 | 95.32 | 6785.53 | 497.43 | 92.67 |
| COD | 5804.18 | 285.61 | 95.08 | 5715.66 | 433.13 | 92.42 |
| TP | 547.63 | 22.88 | 95.82 | 530.71 | 34.60 | 93.48 |

## 6.4　典型地块面源污染物削减率监测模拟评估

结合试点区域内典型地块现状建设情况、实测降雨资料及面源污染监测结果，采用模型模拟了典型地块天福和园住宅小区及西部云谷科技园 2017 年、2018 年单场次降雨及 2017 年全年长序列、2018 年 1～9 月长序列降雨条件下污染物削减率（主要为 SS 削减率），均能达到目标要求（SS 削减率 60%）。

### 6.4.1　天福和园住宅小区面源污染物削减率监测模拟评估

2017 年、2018 年天福和园住宅小区的面源污染物削减率模拟结果分别见表 6-15 和表 6-16。模拟结果显示,该典型地块降雨条件下 SS 削减率为 72.76%（2017 年全年）和 62.23%（2018 年 1～9 月）,均达到目标要求（60%）。

表 6-15　2017 年天福和园住宅小区面源污染物（SS）削减率模拟结果

| 降雨日期 | 降雨量/mm | 累计增长量/kg | 排水量/kg | 污染物削减率/% |
|---|---|---|---|---|
| 3 月 12 日 | 38.6 | 122.84 | 40.48 | 67.04 |
| 5 月 3 日 | 22.8 | 109.73 | 22.71 | 79.30 |
| 8 月 20 日 | 13.4 | 101.59 | 12.56 | 87.64 |
| 9 月 9 日 | 16.0 | 102.31 | 15.33 | 85.02 |
| 9 月 16 日 | 11.4 | 98.12 | 10.16 | 89.64 |
| 9 月 26 日 | 33.0 | 120.26 | 34.72 | 71.13 |
| 10 月 3 日 | 54.2 | 134.10 | 51.28 | 61.76 |
| 10 月 11 日 | 23.6 | 111.59 | 24.09 | 78.41 |
| 全年 | 605.2 | 878.74 | 239.38 | 72.76 |

表 6-16　2018 年天福和园住宅小区面源污染物（SS）削减率模拟结果

| 降雨日期 | 降雨量/mm | 累计增长量/kg | 排水量/kg | 污染物削减率/% |
| --- | --- | --- | --- | --- |
| 4 月 4 日 | 14.8 | 52.21 | 13.06 | 74.99 |
| 4 月 12 日 | 20.6 | 49.76 | 19.03 | 61.76 |
| 6 月 18 日 | 22.6 | 69.05 | 21.29 | 69.16 |
| 7 月 2 日 | 38.4 | 86.56 | 38.12 | 55.96 |
| 7 月 4 日 | 28.8 | 76.27 | 27.89 | 63.43 |
| 7 月 8 日 | 22.4 | 53.68 | 20.96 | 60.96 |
| 7 月 31 日 | 18.0 | 59.46 | 16.97 | 71.46 |
| 8 月 7 日 | 15.6 | 67.30 | 14.28 | 78.78 |
| 8 月 21 日 | 41.8 | 81.37 | 42.36 | 47.94 |
| 9 月 15 日 | 18.8 | 50.60 | 17.15 | 66.10 |
| 1～9 月 | 438.2 | 645.95 | 243.95 | 62.23 |

## 6.4.2　西部云谷科技园面源污染物削减率监测模拟评估

2017 年、2018 年西部云谷科技园面源污染物削减率模拟结果分别见表 6-17 和表 6-18。模拟结果显示，该典型地块降雨条件下 SS 削减率为 79.29%（2017 年全年）和 79.93%（2018 年 1～9 月），均达到目标要求（60%）。

表 6-17　2017 年西部云谷科技园面源污染物（SS）削减率模拟结果

| 降雨日期 | 降雨量/mm | 累计增长量/kg | 排水量/kg | 污染物削减率/% |
| --- | --- | --- | --- | --- |
| 3 月 12 日 | 38.6 | 235.468 | 53.977 | 77.08 |
| 5 月 3 日 | 22.8 | 199.194 | 29.282 | 85.30 |
| 8 月 20 日 | 13.4 | 166.533 | 14.977 | 91.01 |
| 9 月 9 日 | 16.0 | 166.195 | 18.65 | 88.78 |
| 9 月 16 日 | 11.4 | 162.177 | 11.85 | 92.69 |
| 9 月 26 日 | 33.0 | 210.605 | 45.442 | 78.42 |
| 10 月 3 日 | 54.2 | 257.622 | 80.042 | 68.93 |
| 10 月 11 日 | 23.6 | 176.149 | 30.71 | 82.57 |
| 全年 | 605.2 | 1573.943 | 325.93 | 79.29 |

表 6-18　2018 年西部云谷科技园面源污染物（SS）削减率模拟结果

| 降雨日期 | 降雨量/mm | 累计增长量/kg | 排水量/kg | 污染物削减率/% |
|---|---|---|---|---|
| 4 月 4 日 | 14.8 | 165.80 | 16.90 | 89.81 |
| 4 月 12 日 | 20.6 | 164.53 | 25.53 | 84.48 |
| 6 月 18 日 | 22.6 | 170.88 | 28.94 | 83.07 |
| 7 月 2 日 | 38.4 | 196.89 | 55.23 | 71.95 |
| 7 月 4 日 | 28.8 | 181.35 | 38.94 | 78.53 |
| 7 月 8 日 | 22.4 | 165.66 | 28.30 | 82.92 |
| 7 月 31 日 | 18.0 | 172.51 | 22.14 | 87.17 |
| 8 月 7 日 | 15.6 | 169.63 | 18.40 | 89.16 |
| 8 月 21 日 | 41.8 | 208.68 | 62.99 | 69.81 |
| 9 月 15 日 | 18.8 | 166.23 | 22.91 | 86.22 |
| 1～9 月 | 438.2 | 1346.23 | 270.16 | 79.93 |

　　采用 SWMM 对沣西新城海绵城市建设现状年和规划年条件下面源污染物削减效果进行了模拟评估。结果表明，在实测降雨和设计降雨下，沣西新城整体试点区域、各汇水分区及典型地块 SS 削减率、COD 削减率及 TP 削减率在现状年和规划年条件下均达到考核目标要求。现状年 SS 削减率、COD 削减率及 TP 削减率均优于规划目标要求；规划年，整体试点区域将达到 SS 削减率为 86.89%，COD 削减率为 86.19%，TP 削减率为 84.12%，远超既定的规划目标要求；在设计日降雨（19.2mm）条件下，海绵城市现状年 SS 削减率为 89.48%，规划年 SS 削减率为 93.89%，均达到考核目标要求。

## 参 考 文 献

[1] 宣武赟. 基于海绵城市理念的低影响开发雨水系统构建与管理机制研究[D]. 西安: 西安理工大学, 2017.

[2] 方宏宇, 冯文凯, 黎一禾, 等. 海绵城市建设对土壤污染物的削减效应研究——以四川省遂宁市海绵城市试点建设区为例[J]. 城市地质, 2020, 15(1): 34-39.

[3] 陆术芳. 海绵城市建设研究进展与若干问题探讨[J]. 门窗, 2019(19): 138, 140.

[4] 唐海博, 白旭. 海绵城市建设研究进展与若干问题探讨[J]. 城市建筑, 2019, 16(5): 159-160.

[5] 潘终胜. 海绵城市建设研究进展与若干问题探讨[J]. 江西建材, 2018(1): 10.

[6] 车伍, 赵杨, 李俊奇, 等. 海绵城市建设指南解读之基本概念与综合目标[J]. 中国给水排水, 2015, 31(8): 1-5.

[7] 崔广柏, 张其成, 湛忠宇, 等. 海绵城市建设研究进展与若干问题探讨[J]. 水资源保护, 2016, 32(2): 1-4.

[8] 高波. 城市不同下垫面降雨径流污染控制研究[D]. 天津: 天津大学, 2017.

[9] 聂竹青. 海绵城市建设目标及现状研究[J]. 南方农机, 2019, 50(14): 235.

# 第7章 内涝防治效果数值模拟评估

绩效考核评估是海绵城市建设工作的重要环节，也是检验其成功与否的必要程序，更是国家财政资金绩效评估的核心内容[1]。为了科学、全面地评估沣西新城海绵城市建设成效，构建多目标考评监测体系，依据住房城乡建设部《海绵城市建设技术指南》构建沣西新城海绵城市绩效考核评估体系。海绵城市绩效考核评估研究项目主要方法为现场监测和模型模拟[2]，本章重点介绍数值模型模拟评估在内涝防治效果方面的应用。

依据住房城乡建设部发布的国家标准《城镇内涝防治技术规范》（GB 51222—2017）、《城市内涝风险普查技术规范》（GB/T 39195—2020）[3]，对沣西新城研究区域的内涝风险等级划分见表 7-1。

表 7-1 内涝风险等级的划分

| 风险等级 | 划分依据 | | | |
| --- | --- | --- | --- | --- |
| | 积水深度/m | 积水时间/min | 积水场地面积/m² | 危险程度 |
| 严重内涝 | 大于等于 0.4 | — | 大于 1000 | 城市交通、基础设施和各类建筑物受到威胁 |
| 轻微内涝 | 大于等于 0.3 小于 0.4 | 大于 15 | 500～1000 | 城市交通受到严重影响 |
| 中度积水 | 大于等于 0.15 小于 0.3 | 大于 30 | 300～500 | 城市交通不便 |
| 轻微积水 | 小于 0.15 | — | — | 一般积水 |

## 7.1 考核要求及模拟任务

### 1. 考核要求

模拟方案建议各个重现期下，特别是 50 年一遇降雨重现期下，地面积水设计标准：①居民住宅和工商业建筑物的底层不进水；②道路中一条车道的积水深度不超过 15cm，积水时间不超过 30min。

## 2. 模拟任务

依据实际基础数据资料，对研究区域建设前的内涝积水情况及积水风险进行评估；通过数值模拟的方法，分析研究区域内及周边附近约 72.6km² 区域在 1 年一遇典型降雨、5 年一遇典型降雨、20 年一遇典型降雨三种重现期情况下内涝积水情况，计算出不同重现期条件下内涝分布位置及程度内涝情况，西咸新区沣西新城暴雨强度公式如下[4-5]：

$$q = \frac{1239.91 \times (1 + 1.971 \times \lg P)}{(t + 7.4246)^{0.8124}} \tag{7-1}$$

式中，$q$ 为暴雨强度，L/（s·hm²）；$P$ 为重现期，年，取值范围为 2～200 年；$t$ 为降雨历时，min，取值范围为 1～1440min。

## 7.2　试点区域建设前内涝积水情况及风险评估

通过历史调查法，结合 2015 年全年实际降雨现场监测，发现沣西新城海绵城市试点区域内共有 10 处易涝积水点，主要分布在秦皇大道沿线（4 处）、永平路沿线（2 处）、统一路沿线（4 处）。不同重现期降雨条件下（$P$=2 年和 $P$=50 年），易涝积水点分布及涝渍程度如图 7-1 和图 7-2 所示。

图 7-1　试点区域 2 年一遇重现期降雨条件下易涝积水点分布图及涝渍程度

图 7-2　试点区域 50 年一遇重现期降雨条件下易涝积水点分布图及涝渍程度

## 7.3　沣西新城内涝防治效果模拟评估

通过数值模拟的方法，对试点区域主要积涝片区不同重现期短历时暴雨（1 年一遇、2 年一遇、5 年一遇、10 年一遇、20 年一遇、50 年一遇和 100 年一遇）的内涝风险进行了模拟评估[6-8]，其中 5 年、50 年重现期 2h 设计降雨致涝风险模拟结果分别如图 7-3 和图 7-4 所示。

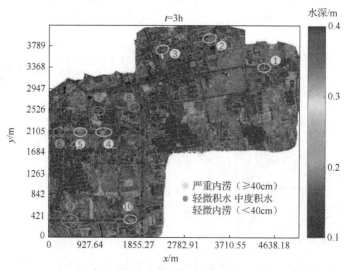

图 7-3　试点区域 5 年一遇重现期降雨条件下易涝积水点分布图

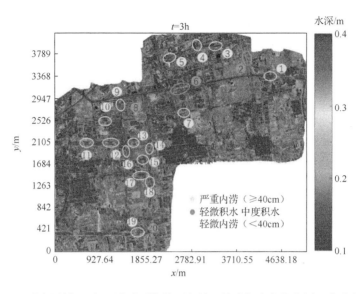

图 7-4　试点区域 50 年一遇重现期降雨条件下易涝积水点分布图及涝渍程度

　　模拟结果显示,实测主要易涝积水点如 5、6、7、8、9、10 等标记位置的易涝积水点均与模拟结果吻合。对于易涝积水点 1～4 及片区左半部分区域,因模型采用的是建设前完全未开发的土地利用资料,与 2015 年前实测内涝积水时刻不一致,且秦皇大道以西未进行全面内涝巡查,实测点必然偏少,故模拟结果与实测结果略有偏差。模拟结果表明,严重内涝积水主要集中在 6#汇水分区(统一路附近)、秦皇大道中段及 4#汇水分区内部,故海绵建设期内内涝治理工作主要在此区域内进行。

　　通过对各易涝积水点现场详细勘察,分析得出以下五种致涝原因:①地势平坦,无良好的行泄通道;②管网排水能力不足,无法在短时间排出积水;③雨水排放口设置不合理,积水无法排出;④管网堵塞,管道内雨水蓄满而溢出;⑤下游管网未建成,导致排水不畅。

　　根据以上原因,从以下四个方面开展针对治理工作。①源头减排:对存在易涝积水点的市政道路项目及周边已开发地块进行海绵化改造,削减源头径流总量,减轻雨水管网排水压力;②雨水口整改:对积涝区域下垫面进行复核,根据下垫面高程重新布设雨水口;③雨水管道疏通:对已建雨水管道进行排查,对堵塞管道进行疏通,恢复排水能力;④雨水管网临时联通:分析已建成雨水管网,临时联通关键节点,将积涝区域雨水引流至绿廊建成区,解决雨水末端出路问题。试点区域易涝积水点整治情况如表 7-2 所示,具体技术路线详见《沣西新城易涝积水点整治专题报告》。

表 7-2  试点区域易涝积水点整治情况

| 编号 | 易涝积水点位置 | 积涝原因 | 整治方案 | 整治成效 |
|---|---|---|---|---|
| 1 | 沣景路与秦皇大道交叉口西南 | 地势低洼；汇水面积大，源头控制不足；雨水管道无下游 | 秦皇大道海绵专项改造；雨水管网临时连通 | 已消除 |
| 2 | 秦皇大道与开元路交叉口西南 | 地势低洼；源头控制不足；下游雨水管道无出路 | 秦皇大道海绵专项改造，周边地块实施海绵化施工；雨水管网临时连通 | 已消除 |
| 3 | 秦皇大道（康定路与尚业路之间） | 地势低洼；汇水面积大，源头控制不足；雨水管道无下游 | 秦皇大道海绵专项改造，周边地块实施海绵化施工；雨水管网临时连通 | 已消除 |
| 4 | 秦皇大道（统一路至康定路之间） | 地势低洼；雨水管道无下游 | 秦皇大道海绵专项改造；雨水管网临时连通 | 已消除 |
| 5 | 统一路与同德路交叉口东北角 | 地势低洼；汇水面积大，源头控制不足；雨水管道堵塞 | 统一路海绵化改造施工；统一路雨水管道疏通；路面大修改造 | 已消除 |
| 6 | 永平路与同德路交叉口东南 | 地势低洼；雨水管道堵塞 | 同德路雨水管道疏通；统一路雨水管道疏通；路面大修改造 | 已消除 |
| 7 | 永平路与同文路交叉口西南 | 地势低洼；雨水管道堵塞 | 同文路雨水管道疏通 | 已消除 |
| 8 | 统一路与韩非路十字西南 | 地势低洼；汇水面积大，源头控制不足；雨水管道无下游 | 统一路雨水管网临时连通工程；统一路海绵化改造；路面大修改造 | 已消除 |
| 9 | 统一路（咸阳职业学院北门） | 地势低洼；汇水面积大，源头控制不足；雨水管道无下游 | 统一路雨水管网临时连通工程；统一路海绵化改造；周边建成区海绵化改造；路面大修改造 | 已消除 |
| 10 | 统一路（同文路至白马河） | 地势低洼；汇水面积大，源头控制不足；雨水管道堵塞 | 统一路雨水管道疏通；统一路海绵化改造；路面大修改造 | 已消除 |

　　模型输入沣西新城设计短历时暴雨雨型（图 7-5），模拟了海绵设施建设前后内涝积水深度的改变，并分析了内涝风险分布变化过程，结果分别见图 7-6～图 7-19。

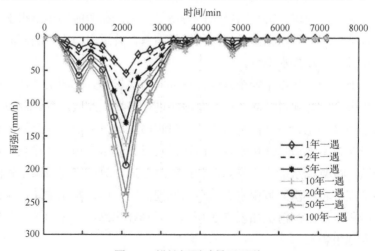

图 7-5  设计短历时暴雨雨型

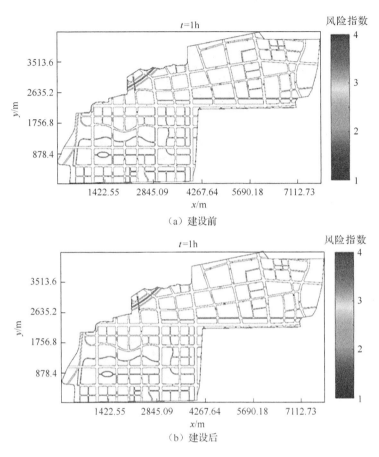

（a）建设前

（b）建设后

图 7-6　试点区域 1 年一遇降雨条件下内涝风险分布

$t$=1h 表示降雨 1h 时的情况，其余图同

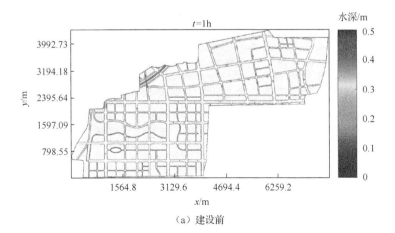

（a）建设前

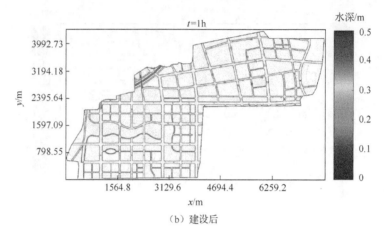

（b）建设后

图7-7 试点区域1年一遇降雨条件下水深分布图

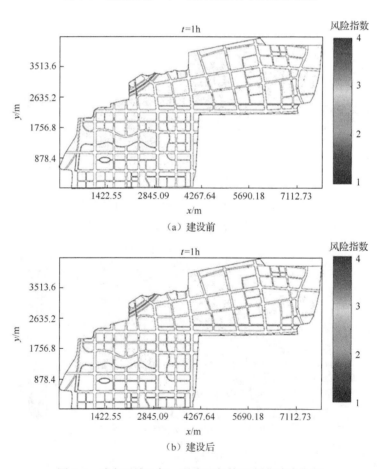

（a）建设前

（b）建设后

图7-8 试点区域2年一遇降雨条件下内涝风险分布

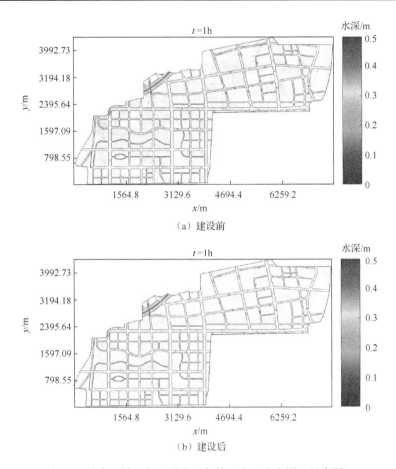

（a）建设前

（b）建设后

图 7-9　试点区域 2 年一遇降雨条件下水深分布图（见彩图）

（a）建设前

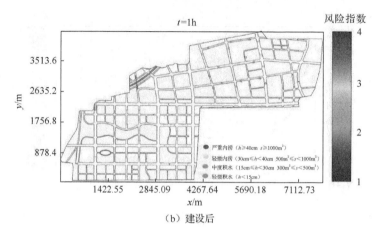

（b）建设后

图 7-10　试点区域 5 年一遇降雨条件下内涝风险分布（见彩图）

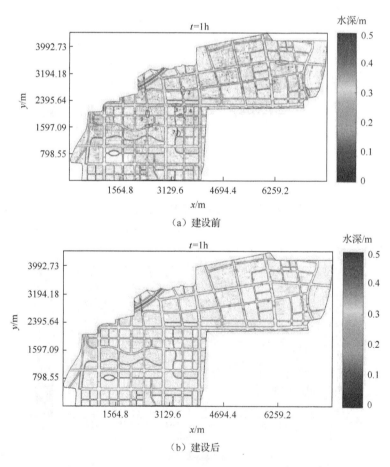

图 7-11　试点区域 5 年一遇降雨条件下水深分布图（见彩图）

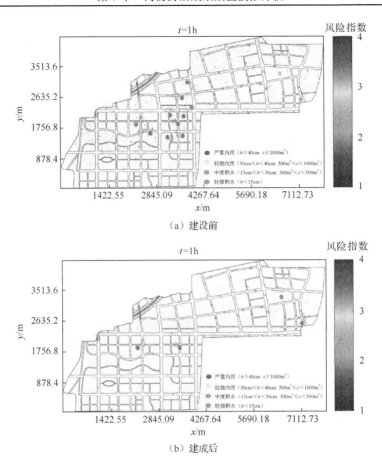

（a）建设前

（b）建成后

图 7-12　试点区域 10 年一遇降雨条件下内涝风险分布图（见彩图）

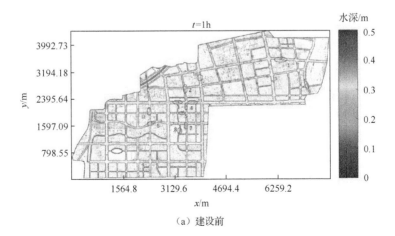

（a）建设前

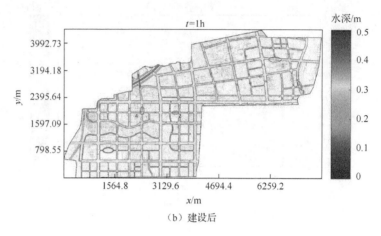

（b）建设后

图 7-13　试点区域 10 年一遇降雨条件下水深分布图（见彩图）

（a）建设前

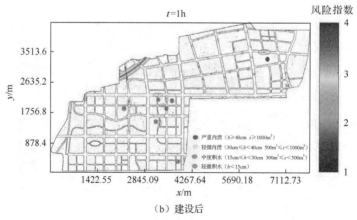

（b）建设后

图 7-14　试点区域 20 年一遇降雨条件下内涝风险分布图（见彩图）

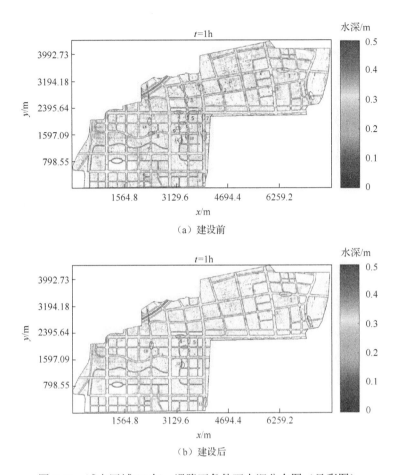

（a）建设前

（b）建设后

图 7-15　试点区域 20 年一遇降雨条件下水深分布图（见彩图）

（a）建设前

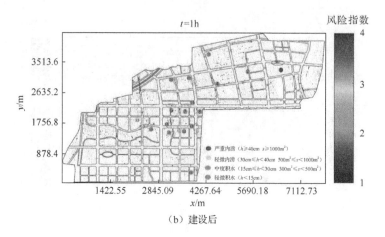

（b）建设后

图 7-16  试点区域 50 年一遇降雨条件下内涝风险分布图（见彩图）

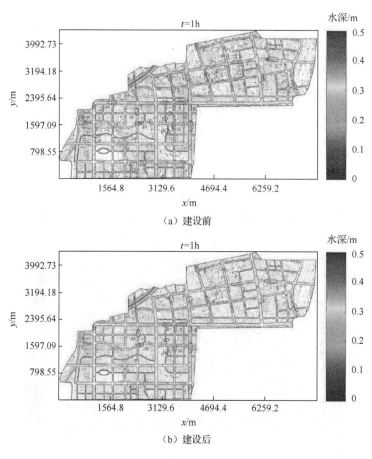

（a）建设前

（b）建设后

图 7-17  试点区域 50 年一遇降雨条件下水深分布图（见彩图）

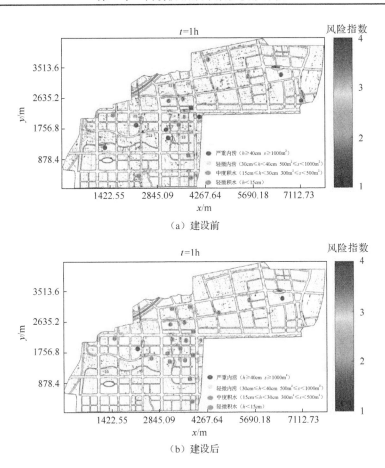

图 7-18　试点区域 100 年一遇降雨条件下内涝风险分布图（见彩图）

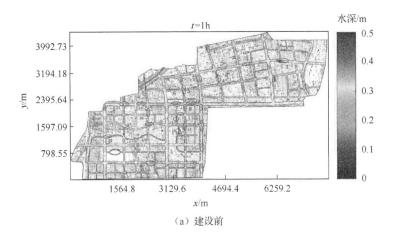

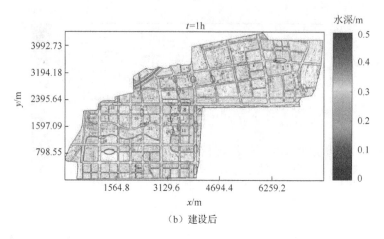

图 7-19　试点区域 100 年一遇降雨条件下水深分布图（见彩图）

　　1 年一遇及 2 年一遇设计降雨条件下，建设前均无内涝点。5 年一遇设计降雨条件下，建设前有轻微积水点 6 个，中度积水点 3 个，建设后积水点全部消除。10 年一遇设计降雨条件下，建设前轻微积水点 9 个，中度积水点 1 个，轻微内涝点 2 个，建设后轻微积水点 3 个，中度积水点 1 个；其中，完全消除轻微积水点 8 个，1 个轻微内涝点削减为中度积水点，1 个轻微内涝点、1 个中度积水点削减为轻微积水点。20 年一遇设计降雨，建设前轻微积水点 4 个，中度积水点 11 个，轻微内涝点 1 个，严重内涝点 2 个，建设后轻微积水点 5 个，中度积水点 1 个，轻微内涝点 1 个，严重内涝点 1 个；其中，完全消除中度积水点 6 个，轻微积水点 4 个，1 个严重内涝点削减为轻微内涝点，1 个轻微内涝点削减为中度积水点，5 个中度积水点削减为轻微积水点。50 年一遇设计降雨，建设前中度积水点 14 个，轻微内涝点 3 个，严重内涝点 6 个，建设后轻微积水点 9 个，中度积水点 6 个，轻微内涝点 2 个，严重积水点 1 个；其中，完全消除轻微内涝点 1 个，中度积水点 2 个，5 个严重内涝点削减为轻微内涝及以下积水点，2 个轻微内涝点削减为中度积水点，4 个中度积水点削减为轻微积水点。100 年一遇设计降雨，建设前轻微积水点 1 个，中度积水点 8 个，轻微内涝点 9 个，严重内涝点 8 个，建设后轻微积水点 2 个，中度积水点 16 个，轻微内涝点 3 个，严重内涝点 2 个；其中，完全消除中度积水点 1 个，轻微内涝点 1 个，6 个严重内涝点削减为轻微内涝及以下积水点，8 个严重积水点削减为轻微积水点。各重现期建设前后易涝积水点对比情况见表 7-3。50 年一遇降雨条件下建设前后积水点削减风险对比见表 7-4。

表 7-3　各重现期建设前后易涝积水点对比情况　　　（单位：个）

| 建设前后 | 易涝积水点 | 1 年一遇 | 2 年一遇 | 5 年一遇 | 10 年一遇 | 20 年一遇 | 50 年一遇 | 100 年一遇 |
|---|---|---|---|---|---|---|---|---|
| 建设前 | 轻微积水点 | 0 | 0 | 6 | 9 | 4 | 0 | 1 |
| | 中度积水点 | 0 | 0 | 3 | 1 | 11 | 14 | 8 |
| | 轻微内涝点 | 0 | 0 | 0 | 2 | 1 | 3 | 9 |
| | 严重内涝点 | 0 | 0 | 0 | 0 | 2 | 6 | 8 |
| 建设后 | 轻微积水点 | 0 | 0 | 0 | 3 | 5 | 9 | 2 |
| | 中度积水点 | 0 | 0 | 0 | 1 | 1 | 6 | 16 |
| | 轻微内涝点 | 0 | 0 | 0 | 0 | 1 | 2 | 3 |
| | 严重内涝点 | 0 | 0 | 0 | 0 | 1 | 1 | 2 |

表 7-4　50 年一遇降雨条件下建设前后积水点削减风险对比

| 点位 | 积水场地面积/m² | | 积水深度/m | |
|---|---|---|---|---|
| | 建设前 | 建设后 | 建设前 | 建设后 |
| 1　咸阳职业技术学院北门 | 4560 | 1305 | 0.4351 | 0.2885 |
| 2　统一西路中段 | 387 | 216 | 0.2515 | 0.2284 |
| 3　永平路与同德路交叉口 | 261 | 162 | 0.2081 | 0.2000 |
| 4　康定路与秦皇大道交叉口 | 1305 | 450 | 0.3046 | 0.2881 |
| 5　康定路与兴咸路交叉口 | 126 | 72 | 0.2896 | 0.2473 |
| 6　康定路西 | 1017 | 576 | 0.2883 | 0.2734 |
| 7　沣景路中 | 1413 | 873 | 0.2746 | 0.2692 |
| 8　沣景路与兴咸路交叉口 | 891 | 441 | 0.3573 | 0.3338 |
| 9　秦皇大道与沣景路交叉口 | 648 | 414 | 0.2615 | 0.2517 |
| 10　纵四路西 | 486 | 306 | 0.2675 | 0.2512 |
| 11　开元路与兴科路交叉口 | 522 | 180 | 0.2656 | 0.2473 |
| 12　纵四路与开元路交叉口 | 576 | 333 | 0.2698 | 0.2445 |
| 13　兴咸路与开元路交叉口 | 711 | 279 | 0.2625 | 0.2263 |
| 14　秦皇大道与开元路交叉口 | 900 | 459 | 0.2292 | 0.2179 |
| 15　兴咸路（天府路与横八路之间） | 261 | 117 | 0.2513 | 0.2035 |
| 16　沣渭大道与天府路交叉口 | 432 | 162 | 0.2998 | 0.2898 |
| 17　咸户路与天雄西路交叉口 | 3852 | 2340 | 0.2838 | 0.2691 |
| 18　秦皇大道与天雄西路交叉口 | 126 | 99 | 0.3728 | 0.3169 |
| 19　沣柳路中段 | 342 | 63 | 0.2617 | 0.2113 |

续表

| 点位 | 积水场地面积/m² | | 积水深度/m | |
|---|---|---|---|---|
| | 建设前 | 建设后 | 建设前 | 建设后 |
| 20 横五路西部 | 342 | 63 | 0.2617 | 0.2113 |
| 21 横五路中部 | 720 | 225 | 0.2843 | 0.2682 |
| 22 文景路与兴信路交叉口 | 702 | 234 | 0.2831 | 0.2567 |
| 23 横五路中部与康定路西交叉口 | 1476 | 963 | 0.3191 | 0.2558 |

　　本章应用 GAST 模型模拟分析了陕西省西咸新区沣西新城海绵城市建设试点区域内涝缓解程度的海绵效果关键指标。由于建设前试点区域在大重现期降雨条件下内涝较严重，对易涝积水点进行了整治，主要分为源头减排、雨水口整改、雨水管道疏通及雨水管网临时联通四个方面，故海绵城市建设后易涝积水点消除或削减较明显。

# 参 考 文 献

[1] 王凯伦. 海绵城市评估与运营系统开发[D]. 南京: 东南大学, 2017.

[2] 孙攸莉, 陈前虎. 海绵城市建设绩效评估体系与方法[J]. 建筑与文化, 2018(1): 154-157.

[3] 国家市场监督管理总局, 国家标准化管理委员会. 城市内涝风险普查技术规范: GB/T 39195—2020[S]. 北京: 中国标准出版社, 2020.

[4] 尹占娥, 许世远, 殷杰, 等. 基于小尺度的城市暴雨内涝灾害情景模拟与风险评估[J]. 地理学报, 2010, 65(5): 553-562.

[5] 于海燕. 对雨水暴雨强度公式中降雨历时的分析[J]. 城市道桥与防洪, 2013(9): 111-113, 11-12.

[6] 孙鸿杰. 基于 Mike 模型某区域内涝模拟及其排水系统优化研究[D]. 成都: 西华大学, 2019.

[7] 洪国平, 万君, 柳晶辉, 等. 武汉城区短历时暴雨内涝数值模拟研究[J]. 暴雨灾害, 2018, 37(1): 83-89.

[8] 赵琳娜, 王彬雁, 白雪梅, 等. 北京城市暴雨分型及短历时降雨重现期研究[C]. 第 33 届中国气象学会年会 S9 水文气象灾害预报预警, 西安, 2016: 289-291.

# 彩 图

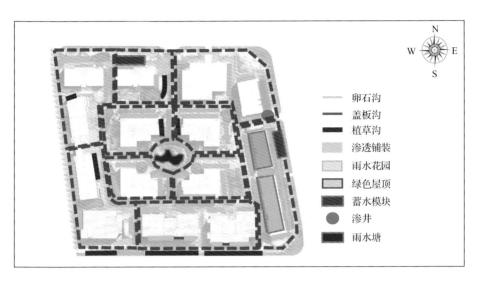

图 4-8　研究区域 LID 设施布设示意图

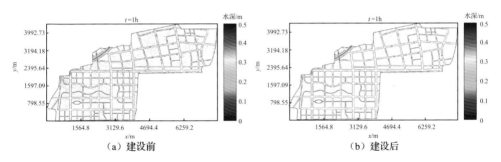

（a）建设前　　　　　　　　　　　（b）建设后

图 7-9　试点区域 2 年一遇降雨条件下水深分布图

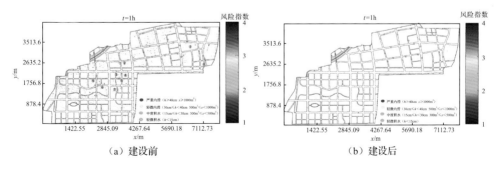

（a）建设前　　　　　　　　　　　（b）建设后

图 7-10　试点区域 5 年一遇降雨条件下内涝风险分布

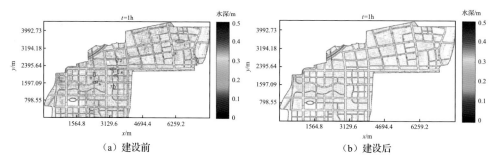

（a）建设前  （b）建设后

图 7-11　试点区域 5 年一遇降雨条件下水深分布图

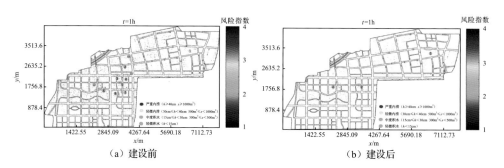

（a）建设前  （b）建设后

图 7-12　试点区域 10 年一遇降雨条件下内涝风险分布图

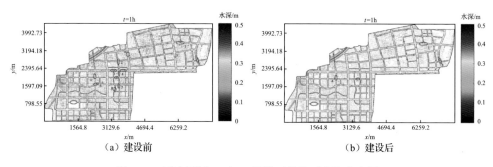

（a）建设前  （b）建设后

图 7-13　试点区域 10 年一遇降雨条件下水深分布图

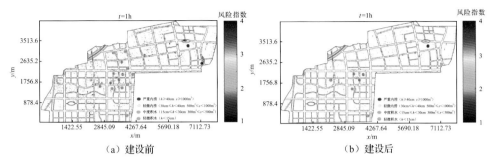

（a）建设前  （b）建设后

图 7-14 试点区域 20 年一遇降雨条件下内涝风险分布图

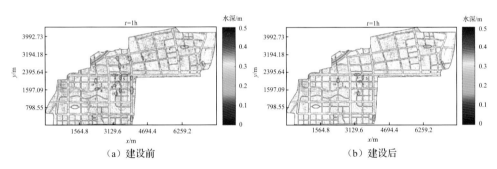

（a）建设前  （b）建设后

图 7-15 试点区域 20 年一遇降雨条件下水深分布图

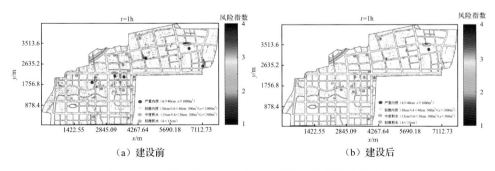

（a）建设前  （b）建设后

图 7-16 试点区域 50 年一遇降雨条件下内涝风险分布图

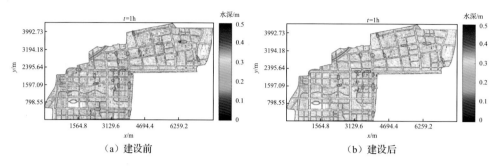

（a）建设前　　　　　　　　　　　（b）建设后

图 7-17　试点区域 50 年一遇降雨条件下水深分布图

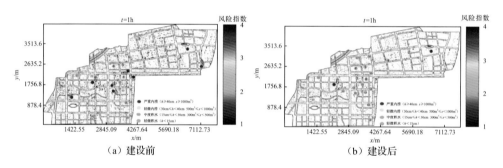

（a）建设前　　　　　　　　　　　（b）建设后

图 7-18　试点区域 100 年一遇降雨条件下内涝风险分布图

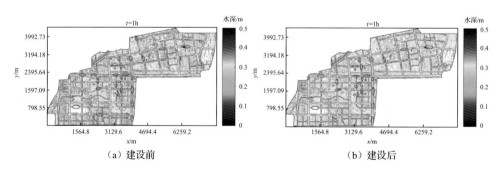

（a）建设前　　　　　　　　　　　（b）建设后

图 7-19　试点区域 100 年一遇降雨条件下水深分布图